III. Antennen und Wellenausbreitung

III. 1. Die ebene elektromagnetische Welle

Allgemeines über Wellen

Eine Welle wird mathematisch dargestellt durch ihren reellen Momentanwert:

$$M = A \cdot \cos(\omega t - 2\pi r/\lambda + \psi_0) \quad (184)$$

Abb. 157 gibt den zeitlichen Verlauf des Momentanwerts M an einem festen Ort, r konstant und t veränderlich. ψ_0 ist eine beliebige Anfangsphase und $(\psi_0 - 2\pi r/\lambda)$ die Phase der Schwingung am Ort r. Der zeitliche Abstand benachbarter gleichartiger Schwingungszustände ist die Schwingungsdauer $\tau = 1/f$. Betrachtet man die Schwingung an einem um Δr verschobenen Ort $(r + \Delta r)$, so findet man dort eine Schwingung gleicher Amplitude A, die aber gegenüber der ersten Schwingung um die Phasendifferenz

$$\Delta\psi = -2\pi \cdot \Delta r/\lambda \quad (185)$$

nacheilt. Als das ursprüngliche Charakteristikum einer Welle muß man die Tatsache ansehen, daß stets eine stetige Folge von gleichartigen schwingungsfähigen Gebilden längs einer Strecke vorhanden ist, die alle mit der gleichen Amplitude schwingen, zwischen denen aber eine mit wachsendem Abstand wachsende Phasenverschiebung nach (185) besteht. Dieses Nacheinander benachbarter Schwingungen ruft dann im Betrachter den rein optischen Eindruck der wandernden Welle hervor, der aber keine physikalische Realität darstellt, weil in Wirklichkeit ja gar nichts wandert. Man kommt nur dann zu einem wirklichen Verständnis der Welle, wenn man sich von der optischen Vorstellung trennt und lediglich die Phasenbeziehung (185) beachtet. Abb. 158 gibt ein Momentanbild der Welle in einem Zeitpunkt t längs der Strecke r. Den räumlichen Abstand benachbarter gleichartiger Schwingungszustände in einem gleichen Zeitpunkt, also den räumlichen Abstand gleichphasiger Schwingungen, nennt man die Wellenlänge λ. Betrachtet man das Momentanbild der Welle in einem späteren Zeitpunkt $(t + \Delta t)$ in Abb. 158, dann haben sich alle Einzelschwingungszustände nach (184) verändert und es sieht so aus, als ob das Momentanbild mit wachsender Zeit stetig in Richtung wachsender r wandert. Verschiebt sich das Bild in der Zeit Δt um Δr, so ist

$$v = \Delta r/\Delta t = f \cdot \lambda \quad (186)$$

die scheinbare Geschwindigkeit der Welle, die man als Phasengeschwindigkeit bezeichnet. (184) stellt also eine Welle dar, die sich in Richtung wachsender r ausbreitet. Zum komplexen Momentanwert kommt man durch formale Ergänzung von $jA \cdot \sin(\omega t - 2\pi r/\lambda + \psi_0)$:

$$\mathfrak{M} = A \cdot [\cos(\omega t - 2\pi r/\lambda + \psi_0) + j \cdot \sin(\omega t - 2\pi r/\lambda + \psi_0)]$$
$$= A \cdot e^{j(\omega t - 2\pi r/\lambda + \psi_0)} = A \cdot e^{-j2\pi r/\lambda} \cdot e^{j\psi_0} \cdot e^{j\omega t}$$
$$= \mathfrak{A} \cdot e^{j\omega t} \quad (187)$$

Dieses $\mathfrak{A}$ nennt man die komplexe Amplitude der Welle

$$\mathfrak{A} = A \cdot e^{j\psi_0} \cdot e^{-j2\pi r/\lambda} \quad (188)$$

Das $\mathfrak{A}$ enthält die reelle Amplitude A, die Ausgangsphase ψ_0 in der Form $e^{j\psi_0}$ und die für die Welle charakteristische ortsabhängige Phase $(-2\pi r/\lambda)$. Immer dann, wenn bei späteren Rechnungen neben einer komplexen Zahl $A \cdot e^{j\psi_0}$ die Lösung den Faktor e^{jkr} enthält, wo der Exponent rein imaginär und proportional zur Koordinate r des Ortes ist, stellt diese Lösung eine Welle nach (184), (185) und Abb. 157 dar. Bei den hochfrequenztechnischen Anwendungen muß man beachten, daß der Wellenvorgang so schnell vor sich geht, daß man die Momentanwerte nicht verfolgen kann. Das eigentliche Bild der Welle geht dabei also verloren. Man mißt dann nur Scheitelwerte und Effektivwerte der Schwingung an einem bestimmten Ort, und Phasendifferenzen zwischen zwei verschiedenen Orten, also die Größe A und $\Delta\psi$ nach (185).

Das Induktionsgesetz im freien Raum

Es interessiert das Verhalten periodisch veränderlicher elektrischer und magnetischer Felder im freien Raum. Existiert irgendwo eine magnetische Feldstärke mit dem reellen Momentanwert $M_H = H \cdot \cos(\omega t + \psi)$, also dem komplexen Momentanwert

$$\mathfrak{M}_H = H \cdot [\cos(\omega t + \psi) + j \cdot \sin(\omega t + \psi)] = H \cdot e^{j(\omega t + \psi)}$$
$$= \mathfrak{H} \cdot e^{j\omega t} \quad (189)$$

und der komplexen Amplitude

$$\mathfrak{H} = H \cdot e^{j\psi} \quad (190)$$

so erzeugt dieses zeitlich veränderliche Feld durch Induktion elektrische Felder in seiner Umgebung. Betrachtet man nach Abb. 159 ein kleines Rechteck dF senkrecht zum Feldstärkevektor, so besagt das Induktionsgesetz, daß die zeitliche Änderungsgeschwindigkeit des magnetischen Flusses durch dF gleich der elektrischen Spannung längs des Randes dieses Rechtecks ist. $\mu_0 \cdot M_H$ ist die Kraftflußdichte mit

$$\mu_0 = 4\pi \cdot 10^{-9} \text{ Henry/cm} \quad (191)$$

Dann ist im homogenen Feld $\mu_0 \cdot dF \cdot M_H$ der Kraftfluß und

$$\mu_0 \cdot dF \cdot \frac{dM_H}{dt} = -\mu_0 \cdot dF \cdot H \cdot \omega \cdot \sin(\omega t + \psi)$$

die Änderungsgeschwindigkeit, oder in komplexer Darstellung nach (189) und (190)

$$\mu_0 \cdot dF \cdot \frac{d\mathfrak{M}_H}{dt} = j\omega\mu_0 \cdot dF \cdot H \cdot e^{j(\omega t + \psi)}$$
$$= j\omega\mu_0 \cdot dF \cdot \mathfrak{H} \cdot e^{j\omega t} \quad (192)$$

Die zeitliche Differentiation läßt sich dann also durch den Faktor $j\omega$ darstellen. Wenn sich der Vektor $\mathfrak{H}$ in Abb. 159 senkrecht nach oben aus der Zeichenebene erhebt, ist die induzierte Spannung längs des Randes der Fläche dF im gezeichneten Umlaufsinn positiv. Die Randspannung setzt sich aus vier Teilen zusammen, nämlich den Spannungen längs der vier Kanten des Rechtecks. Im homogenen Feld ist die Spannung längs einer Kante das Produkt der Kantenlänge und der elektrischen Feldstärkekomponente längs dieser Kante. Da diese Felder aber nicht homogen sein werden, beschränkt man das Induktionsgesetz auf eine sehr kleine Fläche dF mit Kanten ds, die so klein sind, daß in dF die Feldstärke $\mathfrak{H}$ und längs der Kanten die Feldstärke $\mathfrak{E}$ als näherungsweise konstant angesehen werden können. Dann lautet das Induktionsgesetz

$$j\omega\mu_0 \cdot \mathfrak{H} \cdot e^{j\omega t} \cdot dF = \sum \mathfrak{E} \cdot e^{j\omega t} \cdot ds \quad (193)$$

Die Summe ist über die vier Kanten des dF zu erstrecken.

Der Verschiebungsstrom

Wenn ein homogener Plattenkondensator (Abb. 160) mit einem Strom J aufgeladen wird, so ändert sich die Ladung Q seiner Platten nach dem Gesetz $J = dQ/dt$. Zwischen den Platten besteht die wachsende Spannung U und die (in Abb. 160 bei positiven oberen Platten nach unten gerichtete) elektrische Feldstärke $E = U/Q$.
Bei gegebenem E tragen die Platten die Ladung

$$Q = \varepsilon_0 \cdot E \cdot F \quad (194)$$

$$\varepsilon_0 = \frac{1}{3{,}6\,\pi} \cdot 10^{-12} \quad \text{Farad/cm} \quad (195)$$

Es ist also

$$J = \frac{dQ}{dt} = \varepsilon_0 \cdot \frac{dE}{dt} \cdot F \quad (196)$$

Maxwell hat nun die Vorstellung entwickelt, daß nicht nur ein Strom J im Verbindungsdraht der Abb. 160 fließt, sondern daß ein geschlossener Stromkreis besteht, der zwischen den Kondensatorflächen, entlang der elektrischen Feldlinien, als gleichmäßig verteilter, sogenannter Verschiebungsstrom fließt. Dieser Strom ist zunächst ein rein formaler Begriff. Die später abgeleitete Tatsache der Existenz elektromagnetischer Wellen zeigt aber, daß dieser Strom ebenso wie der Leitungsstrom ein Megnetfeld besitzt, so daß man auch diesen Strom als eine physikalische Realität ansehen muß. Für das Verständnis der modernen Hochfrequenztechnik ist es außerordentlich wichtig, zu beachten, daß Ströme nicht nur auf leitenden Oberflächen fließen, sondern auch im freien Raum überall dort, wo elektrische Feldlinien eines Wechselfeldes fließen. Bei wachsender Feldstärke hat der Verschiebungsstrom die gleiche Richtung wie die elektrische Feldstärke, bei abnehmender Feldstärke entgegengesetzte Richtung. (196) gibt den Verschiebungsstrom durch den homogenen Kondensator und

$$i = J/F = \varepsilon_0 \cdot \frac{dE}{dt} \qquad (197)$$

ist die Verschiebungsstromdichte. Für komplexe Darstellung von Wechselfeldern ist die zeitliche Differentiation durch den Faktor $j\omega$ wie in (192) gegeben und die entsprechende Gleichung zwischen den komplexen Momentanwerten lautet

$$i \cdot e^{j\omega t} = j\omega\varepsilon_0 \cdot \mathfrak{E} \cdot e^{j\omega t} \qquad (198)$$

Die Verschiebungsstromdichte ist proportional zur Frequenz und man denkt sich daher den freien Raum mit einer proportional zur Frequenz wachsenden kapazitiven Leitfähigkeit ausgestattet. Zwischen diesem Strom und seinem Magnetfeld besteht das Durchflutungsgesetz. Eine Fläche dF (Abb. 161) senkrecht zur elektrischen Feldstärke wird vom Verschiebungsstrom $j\omega\varepsilon_0 \cdot \mathfrak{E} \cdot e^{j\omega t} \cdot dF$ durchflossen, der gleich der magnetischen Spannung längs der Kanten des Rechtecks dF ist. Wegen der nicht homogenen Felder ist dF wieder eine sehr kleine Fläche mit Kanten ds. Die magnetische Spannung setzt sich aus den Teilspannungen der vier Rechteckseiten zusammen, von denen jede das Produkt der Kantenlänge und der magnetischen Feldstärkekomponente längs dieser Kante ist. In Analogie zu (193) erhält man hier dann

$$j\omega\varepsilon_0 \cdot \mathfrak{E} \cdot e^{j\omega t} \cdot dF = \Sigma\mathfrak{H} \cdot e^{j\omega t} \cdot ds \qquad (199)$$

Die magnetische Randspannung ist positiv, wenn man den Flächenrand in dem in Abb. 161 gezeichneten Sinn umläuft, wobei der Vektor $\mathfrak{E}$ senkrecht nach oben aus der Zeichenebene hervorkommt. Zu beachten ist, daß diejenigen Kanten einen **negativen** Beitrag zur Spannung liefern, wo die Feldstärkekomponente gegen den Umlaufspfeil läuft.

Die Gleichungen der elektromagnetischen Welle

Jedes elektrische Wechselfeld erzeugt also im freien Raum ein magnetisches Wechselfeld, das seinerseits nach dem Induktionsgesetz wieder elektrische Felder erzeugt. So sind also beide Feldarten stets gleichzeitig vorhanden und miteinander wechselseitig verknüpft. In einem besonders einfachen Fall soll nun dargestellt werden, welche wesentlichen Erscheinungen aus dieser Tatsache entstehen. Es soll im Raum (Abb. 162) nur eine elektrische Komponente $\mathfrak{E}_x \cdot e^{j\omega t}$ parallel zur x-Achse und nur eine magnetische Komponente $\mathfrak{H}_y \cdot e^{j\omega t}$ parallel zur Y-Achse bestehen. Die Abb. 159 und 161 zeigen, daß die eine Komponente nur solche Komponenten der anderen Art erzeugen, die in einer dazu senkrechten Ebene liegen, so daß die Zusammenstellung der Vektoren der Abb. 162 durchaus sinnvoll ist. Zunächst soll das Gesetz (199) auf den durch das $\mathfrak{E}_x$ erzeugten Verschiebungsstrom durch ein Rechteck mit den Kanten dy und dr parallel zu den Koordinatenachsen angewandt werden (Abb. 163): $dF = dr \cdot dy$.

Magnetische Spannung besteht nur an den Kanten dy parallel zu $\mathfrak{H}_y$. Die Komponente $\mathfrak{H}_y$ ist an beiden Kanten verschieden groß, weil $\mathfrak{H}_y$ von der Koordinate r abhängen wird. An der linken Kante dy besteht die Koordinate r, an der rechten Kante die größere Koordinate (r + dr). Aus (199) wird dann

$$j\omega\varepsilon_0 \cdot \mathfrak{E}_x \cdot e^{j\omega t} \cdot dy\, dr =$$
$$= -\mathfrak{H}_y (r + dr) \cdot e^{j\omega t} dy + \mathfrak{H}_y (r) \cdot e^{j\omega t}\, dy$$

oder

$$j\omega\varepsilon_0 \cdot \mathfrak{E}_x = -\frac{\mathfrak{H}_y (r + dr) - \mathfrak{H}_y (r)}{dr} = -\frac{\delta\mathfrak{H}_y}{\delta r} \qquad (200)$$

wenn man auf infinitesimale Flächen dF mit $dr \to 0$ übergeht. Die Existenz einer Komponente $\mathfrak{E}_x$ ist also die Ursache dafür, daß die Komponente $\mathfrak{H}_y$ eine Funktion von r wird. In gleicher Weise kann man schließen, daß $\mathfrak{H}_y$ unabhängig von x ist, weil das Fehlen einer Komponente $\mathfrak{E}_r$ vorausgesetzt wurde. Daß $\mathfrak{H}_y$ auch unabhängig von y ist, insgesamt also nur von der Koordinate r abhängt, folgt durch folgende Überlegung: Die Feldlinien laufen alle parallel zur y-Achse. Da im freien Raum weder Feldlinien beginnen oder aufhören können, ist die Dichte der Feldlinien (also die Größe $\mathfrak{H}_y$) beim Wandern in der Feldlinienrichtung überall die gleiche.

Jetzt soll die Gl. (193) auf die Komponente $\mathfrak{H}_y$ in der in Abb. 164 gezeichneten Fläche angewandt werden: $dF = d_x \cdot dr$. Die Komponente $\mathfrak{E}_x$ wird an den beiden Kanten dx verschieden groß sein, weil $\mathfrak{E}_x$ von r abhängig sein wird. Wie bei der Ableitung der Gl. (200) folgt hier

$$j\omega\mu_0 \cdot \mathfrak{H}_y \cdot e^{j\omega t} \cdot dx\, dr$$
$$= -\mathfrak{E}_x (r + dr) \cdot e^{j\omega t} \cdot dx + \mathfrak{E}_x (r) \cdot e^{j\omega t} \cdot dx$$

oder

$$j\omega\mu_0 \cdot \mathfrak{H}_y = -\frac{\mathfrak{E}_x (r + dr) - \mathfrak{E}_x (r)}{dr} = -\frac{\delta\mathfrak{E}_x}{\delta r} \qquad (201)$$

wenn man auf infinitesimale Flächen dF mit $dr \to 0$ übergeht. Die Existenz einer Komponente $\mathfrak{H}_y$ führt also zwangsläufig dazu, daß $\mathfrak{E}_x$ von r abhängig wird. Wegen des Fehlens einer Komponente $\mathfrak{H}_r$ ist $\mathfrak{E}_x$ dagegen unabhängig von y und wegen der Kontinuität der elektrischen Feldlinien parallel zur x-Achse auch unabhängig von x. (200) und (201) bestimmen also die wechselseitige Abhängigkeit der Feldkomponenten von der Koordinate r.

Die ebene elektromagnetische Welle

Rein formal löst man die Gl. (200) und (201) dadurch, daß man sie auf eine Gleichung mit einer unbekannten Funktion zurückführt. Man differenziert (200) nach r und setzt das entstehende $\frac{\delta\mathfrak{E}_x}{\delta r}$ aus (201) ein:

$$\frac{\delta^2 \mathfrak{H}_y}{\delta r^2} = -j\omega\varepsilon_0 \cdot \frac{\delta\mathfrak{E}_x}{\delta r} = -\omega^2\varepsilon_0\mu_0 \cdot \mathfrak{H}_y \qquad (202)$$

Die Lösungsfunktion für $\mathfrak{H}_y$ muß also so beschaffen sein, daß ihr zweiter Differentialquotient bis auf einen konstanten Faktor $(-\omega^2 \varepsilon_0 \mu_0)$ gleich der Funktion $\mathfrak{H}_y$ ist. Diese Eigenschaft besitzt die Funktion $\mathfrak{A} \cdot e^{-k \cdot r}$ mit beliebigem konstantem $\mathfrak{A}$ und einer Konstanten k, die man berechnet, wenn man diese Lösung in (202) einsetzt:

$$\mathfrak{A} \cdot k^2 \cdot e^{-k \cdot r} = -\omega^2 \varepsilon_0 \mu_0 \cdot \mathfrak{A} \cdot e^{-kr}$$

Die Gleichung ist also erfüllt, wenn

$$k^2 = -\omega^2 \varepsilon_0 \mu_0$$
$$k = j\omega \sqrt{\varepsilon_0 \mu_0} \qquad (203)$$

Dieses rein imaginäre k gibt nach (188) eine Welle, wobei $k = j\frac{2\pi}{\lambda}$ ist. Der komplexe Momentanwert der magnetischen Feldstärke lautet

$$\mathfrak{M}_H = \mathfrak{H}_y \cdot e^{j\omega t} = \mathfrak{A} \cdot e^{j(\omega t - \omega \sqrt{\varepsilon_0 \mu_0} \cdot r)} \qquad (204)$$

Die reelle Amplitüde A der Feldstärke ist unabhängig von r. Die r-Abhängigkeit besteht also nur in einer Phasenverschiebung nach (185) zwischen den Feldstärken an verschiedenen Orten. Nach (203) ist die Wellenlänge

$$\lambda = \frac{2\pi}{\omega \sqrt{\varepsilon_0 \mu_0}} = \frac{3 \cdot 10^8}{f}\,m \qquad (205)$$

wenn man ε_0 aus (195) und μ_0 aus (191) einsetzt. Nach (186) ist dann die Phasengeschwindigkeit der elektromagnetischen Welle im freien Raum gleich der Lichtgeschwindigkeit.

$$v = \frac{1}{\sqrt{\varepsilon_0 \cdot \mu_0}} = 3 \cdot 10^8\,m/sec. \qquad (206)$$

Die zugehörige elektrische Feldstärke $\mathfrak{E}_x$ gewinnt man aus (200) und (204)

$$\mathfrak{M}_E = \mathfrak{E}_x \cdot e^{j\omega t} = -\frac{1}{j\omega\varepsilon_0} \cdot \frac{\delta\mathfrak{H}y}{\delta r} \cdot e^{j\omega t}$$
$$= \mathfrak{A} \cdot \sqrt{\frac{\mu_0}{\varepsilon_0}} \cdot e^{j(\omega t - \omega \sqrt{\varepsilon_0 \mu_0} \cdot r)} \qquad (207)$$

$\mathfrak{E}_x$ und $\mathfrak{H}y$ sind also phasengleich am gleichen Ort und ihr Quotient, der die Dimension eines Widerstandes hat, lautet an jedem Ort

$$\frac{\mathfrak{E}_x}{\mathfrak{H}y} = \sqrt{\frac{\mu_0}{\varepsilon_0}} = 120\pi\,\Omega \qquad (208)$$

Elektrischer und magnetischer Vektor sind im Wechselfeld des freien Raumes also durch Abb. 162 und (208) einander zugeordnet. Die Welle läuft stets senkrecht zu der durch $\mathfrak{E}_x$ und $\mathfrak{H}y$ bestimmten Ebene. Abb. 165 zeigt die Verteilung der Momentanwerte der Felder in der Richtung wachsender r in einem bestimmten Zeitpunkt. Dieses Bild verschiebt sich mit der Phasengeschwindigkeit in der Fortpflanzungs-

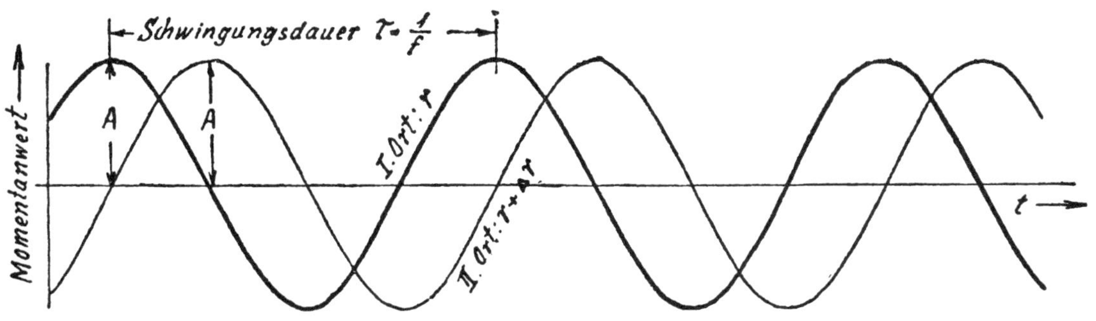

Abb. 157: Zeitliche Darstellung einer fortschreitenden Welle (an einem festen Ort).

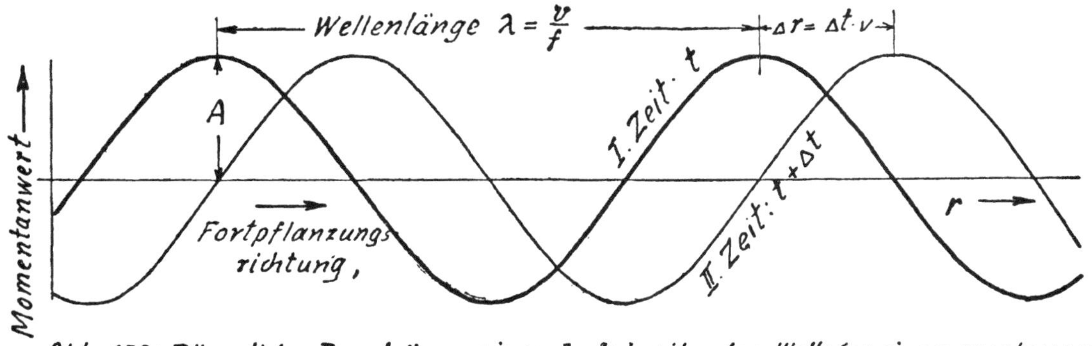

Abb. 158: Räumliche Darstellung einer fortschreitenden Welle (zu einem gegebenen Zeitpunkt).

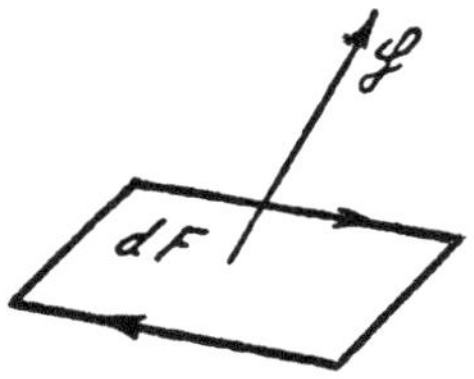

Abb. 159: Zum Induktionsgesetz.

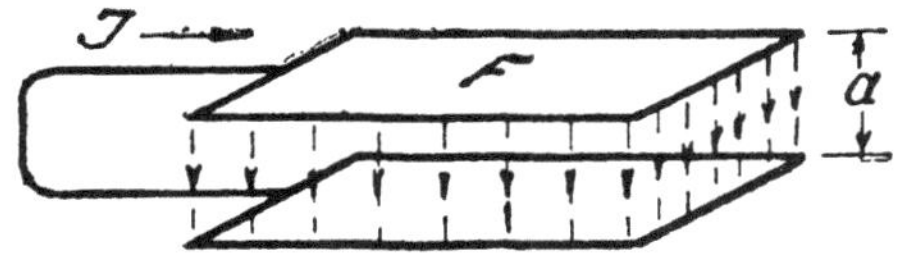

Abb. 160: Plattenkondensator

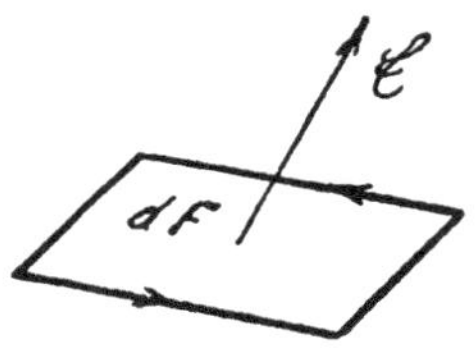

Abb. 161: Zum Durchflutungsgesetz.

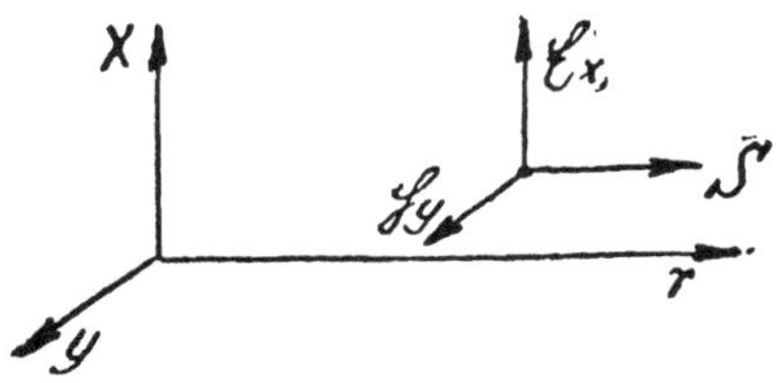

Abb. 162: Komponenten der ebenen Welle.

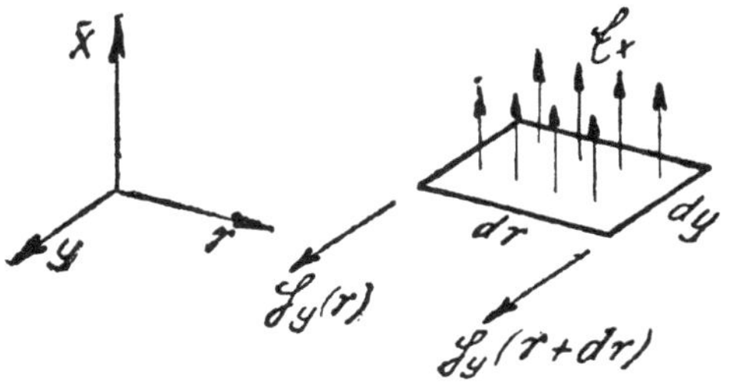

Abb. 163: Zum Durchflutungsgesetz der Komponente $\mathfrak{E}_x$

richtung. Die durch $\mathfrak{E}_x$ erzeugte Verschiebungsstromdichte $i_v = j\omega\varepsilon_0 \cdot \mathfrak{E}_x$ hat wegen des Faktors j an jedem Ort eine Phasenverschiebung von 90^0 gegen die elektrische Feldstärke, was sich im Momentanbild der Abb. 165 durch eine räumliche Verschiebung der i_v-Kurve um eine Viertelwellenlänge zeigt. Maximale Verschiebungsströme fließen also dort, wo die magnetische Feldstärke gleich Null ist. Abb. 166 zeigt die für alle elektromagnetischen Wellen typische Kombination von Verschiebungsströmen und magnetischen Feldstärken im Momentanbild.

III, 2. Die Ausstrahlung des Elementardipols

Statisches Fernfeld elektrischer Ladungen

Zunächst werden Möglichkeiten von Fernwirkungen statischer elektrischer Felder betrachtet, wobei also nur Felder in sehr großer Entfernung von der Ladung interessieren. Für einen weit entfernten Beobachter ist die räumliche Ausdehnung der Leiter, auf denen sich die Ladungen befinden, so klein, daß im folgenden zunächst näherungsweise angenommen werden kann, daß die Ladung in einem Punkt konzentriert ist, der in den Zeichnungen als kleiner Kreis angedeutet ist und nichts über die wahre Form der geladenen Leiter aussagt. Eine Einzelladung Q im freien Raum erzeugt im Abstand r eine elektrische Feldstärke in Richtung des Radiusvektors:

$$E = \frac{Q}{4\pi r^2 \cdot \varepsilon_0} \tag{209}$$

Eine Einzelladung läßt sich jedoch praktisch nicht verwirklichen. Als einfachste Kombination kann man **zwei** Ladungen entgegengesetzten Vorzeichens auf zwei punktförmigen Leitern erzeugen, die den Abstand Δ haben (Abb. 167). Die Fernwirkung dieser Doppelladung ist wesentlich geringer als die einer Einzelladung, weil in einem weit entfernten Punkt P beide Ladungen Feldstärken E_1 und E_2 nach (209) hervorrufen, die annähernd gleich groß, aber von entgegengesetzter Richtung sind. Zur Wirkung kommt also nur ihr kleiner Differenzvektor E_D. Dieses E_D zeigt bereits wesentliche Eigenschaften des Vektors der elektrischen Feldstärke des späteren Antennenfeldes, so daß seine nähere Betrachtung wichtig ist. E_D liegt stets in der Ebene durch die beiden Ladungen (Abb. 168) und besitzt eine radiale Komponente E_r in Richtung des Radiusvektors, die dadurch entsteht, daß die Vektoren E_1 und E_2 der Abb. 167 wegen der verschiedenen Abstände des Punktes P von den beiden Antennen sich etwas in der Größe unterscheiden. Ferner besitzt E_D eine Komponente E_α in der gezeichneten Ebene senkrecht zum Radiusvektor, die dadurch entsteht, daß die beiden Vektoren E_1 und E_2 sich etwas in der Richtung unterscheiden. Diese Gesichtspunkte bestimmen die Abhängigkeit der Komponenten vom Winkel α (Abb. 167). Berechnen kann man die Komponenten am besten mit Hilfe des Potentials. Eine einzelne Ladung Q erzeugt im Abstand r das Potential

$$U = \frac{Q}{4\pi r\, \varepsilon_0}$$

Die beiden entgegengesetzten Ladungen ergeben daher in P das Differenzpotential

$$U_D = \frac{Q}{4\pi\varepsilon_0}\left(\frac{1}{r_1} - \frac{1}{r_2}\right) = \frac{Q}{4\pi\varepsilon_0} \cdot \frac{r_2 - r_1}{r_1 \cdot r_2}$$

Für weit entfernte P kann man nach Abb. 167 das Produkt im Nenner gleich r^2 setzen, während sich die Differenz $(r_2 - r_1)$ aus dem rechtwinkligen Dreieck AQ(—Q) als $\Delta \cdot \cos\alpha$ ergibt. Man erhält also für große Entfernungen

$$U_D = \frac{Q}{4\pi\varepsilon_0} \cdot \frac{\Delta \cos\alpha}{r^2}$$

Die radiale Komponente der elektrischen Feldstärke lautet

$$E_r = -\frac{\delta U_D}{\delta r} = \frac{Q \cdot \Delta}{2\pi\varepsilon_0} \cdot \frac{\cos\alpha}{r^3} \tag{210}$$

ist proportional zu $\cos\alpha$, also am größten in der senkrechten Verbindungslinie der Ladungen ($\alpha = 0$) und nimmt mit wachsendem α ab. Die zweite Komponente

$$E_\alpha = -\frac{\delta U_D}{r \cdot \delta\alpha} = \frac{Q \cdot \Delta}{4\pi\varepsilon_0} \cdot \frac{\sin\alpha}{r^3} \tag{211}$$

ist proportional zu $\sin\alpha$, also am größten in der wagerechten Symmetrieebene. Abb. 168 zeigt die Feldlinien, die im Fernfeld Kreise sind. Die Größe der Feldstärken wird durch das Produkt $Q \cdot \Delta$ bestimmt, ist jedoch praktisch begrenzt, weil sich Q aus der Kapazität der gegebenen Leiter und der Ladespannung ergibt. Mit wachsendem Δ nimmt die Kapazität ab und kann nur durch Vergrößerung aller Dimensionen der ladungstragenden Leiter gehalten werden. Begrenzte räumliche Ausdehnung und begrenzte Ladespannung setzen also der Erhöhung des $Q \cdot \Delta$ eine technische Grenze. Bei der Fernwirkung bedeutet aber der Faktor $1/r^3$ ein so schnelles Absinken mit wachsendem r, daß größere Entfernungen nicht überbrückt werden können.

Magnetische Fernwirkungen stromdurchflossener Leiter

Nach Biot-Savart ist ein von konstantem Strom I durchflossener Leiter der Länge Δ von kreisförmigen magnetischen Feldlinien (Abb. 169) umgeben. Der Mittelpunkt des Kreises liegt auf der gestrichelten Drahtachse und die zirkulare Komponente (in einer wagerechten Ebene senkrecht zum Radiusvektor) des magnetischen Feldes beträgt

$$H_\varphi = \frac{I \cdot \Delta}{4\pi} \cdot \frac{\sin\alpha}{r^2} \tag{212}$$

Ein solcher Gleichstrom ist jedoch nicht denkbar, da kein geschlossener Stromkreis vorhanden ist.

Bei Wechselstrom ist die Anordnung jedoch denkbar, wenn man an die Enden des Drahtes zwei ausgedehntere Leiter legt, zwischen denen eine ausreichende Kapazität besteht. Dann ist dieser Strom I der Ladestrom der Kapazität. Diese einfache Anordnung ist dann das Urbild jeder Antenne und wird als Elementardipol bezeichnet. Der wesentliche Fortschritt liegt schon darin, daß statt des $1/r^3$ in (211) das $1/r^2$ von (212) auftritt. Auch das magnetische Feld hat eine typische Winkelabhängigkeit nach der Funktion $\sin\alpha$, verschwindet also bei Annäherung an die Richtung des stromdurchflossenen Drahtes. Der Strom I schließt sich durch die Verschiebungsströme, die entlang der Feldlinien der Abb. 168 durch den umgebenden Raum fließen. Diese Verschiebungsströme haben nun bei hinreichend großen Frequenzen so erhebliche Größe, daß ihr Magnetfeld sich dem des Drahtes nach (212) überlagert und dadurch das Fernfeld wesentlich vergrößert. Nach den vorhergehenden Betrachtungen über die elektromagnetische Welle kann das Verhalten des Feldes in der Umgebung eines fernen Punktes P (Abb. 168 und 169) leicht vorausgesagt werden. In P gibt es wie in Abb. 162 eine elektrische und eine magnetische Wechselfeldstärke, deren räumliche Vektoren senkrecht aufeinanderstehen. Es breitet sich dort eine Welle senkrecht zur Ebene der beiden Vektoren aus, also vom Dipol aus insgesamt eine Art Kugelwelle. Da die Oberfläche einer Kugel wie $1/r^2$ wächst, nehmen die Leistungsdichten der Welle mit $1/r^2$ ab. Da die Leistungsdichte proportional zum Quadrat der Feldstärken ist, nehmen also die Feldstärken in der Kugelwelle wie $1/r$ ab. Durch die Wirkung des Verschiebungsstromes wird also die Feldausbreitung wesentlich besser gegenüber dem Faktor $1/r^3$ in (211) und dem Faktor $1/r^2$ in (212) und dadurch die praktische Anwendung überhaupt erst möglich.

Das Fernfeld des Elementardipols

Zur Kugelwelle führt man zweckmäßig Kugelkoordinaten nach Abb. 170 ein. Der Ort eines Punktes P wird festgelegt durch seinen Abstand von der Dipolmitte, den Winkel α zwischen der Dipolachse und dem Radiusvektor und den Winkel φ zwischen der senkrechten Ebene durch P und einer mit $\varphi = 0$ bezeichneten Bezugsebene. Aus Symmetriegründen werden auch hier nur die Feldkomponenten auftreten, die die statischen Felder zeigten, wenn auch mit anderer Abhängigkeit von r und α. Alle Vorgänge sind unabhängig von φ.

Wie in Abb. 168 gibt es elektrische Feldkomponenten mit den komplexen Amplituden $\mathfrak{E}_\alpha$ und $\mathfrak{E}_r$ und wie in Abb. 169 eine magnetische Feldkomponente $\mathfrak{H}_\varphi$ (Abb. 170). Um die Gleichungen (193) und (199) des Feldes hier anwenden zu können, muß man in der Umgebung des Punktes P geeignete Flächenelemente dF suchen. Die Komponente $\mathfrak{E}_\alpha$ tritt nach Abb. 171 durch eine Fläche, für die α konstant ist. Längs der

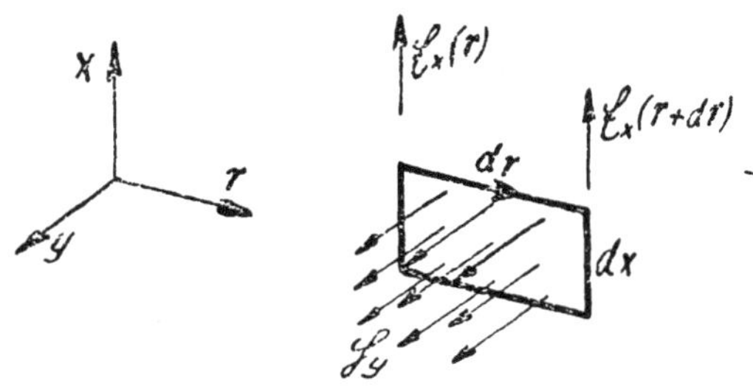

Abb. 164: Zum Induktionsgesetz der Komponente $\mathfrak{H}_y$.

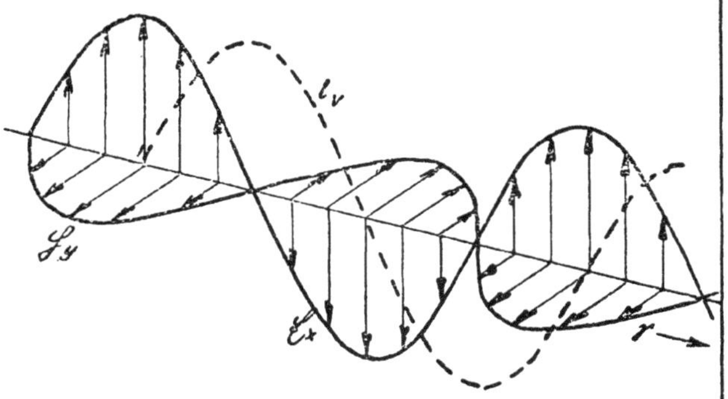

Abb 165: Momentanbild der Welle.

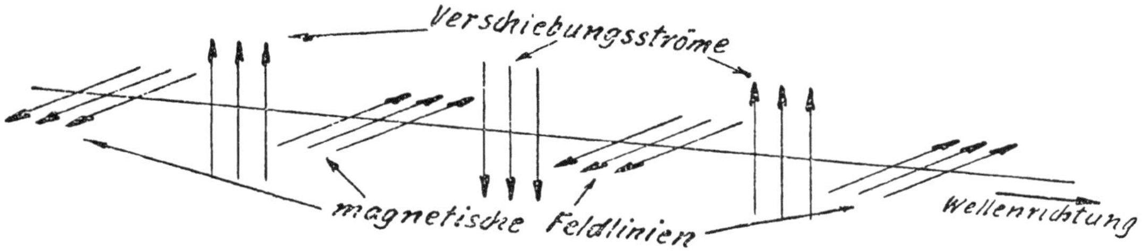

Abb 166: Verschiebungsstrom und Magnetfeld..

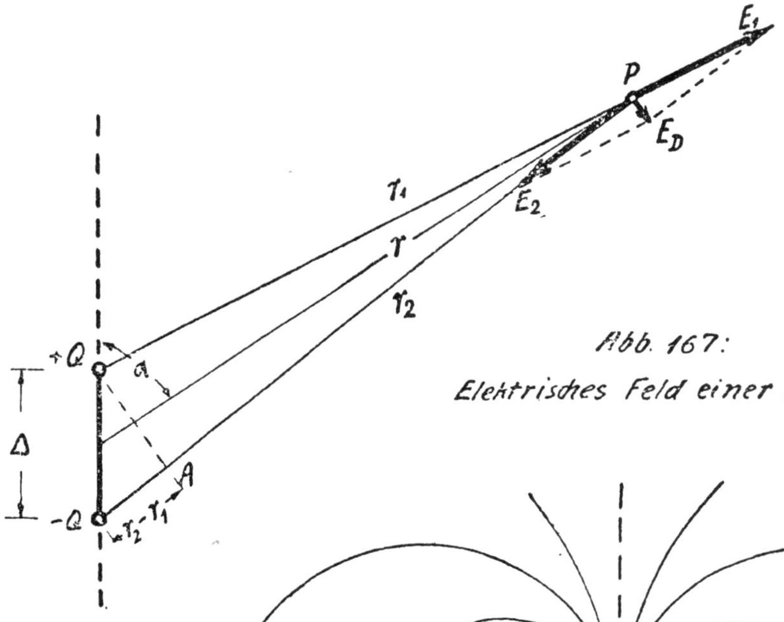

Abb. 167:
Elektrisches Feld einer Doppelladung

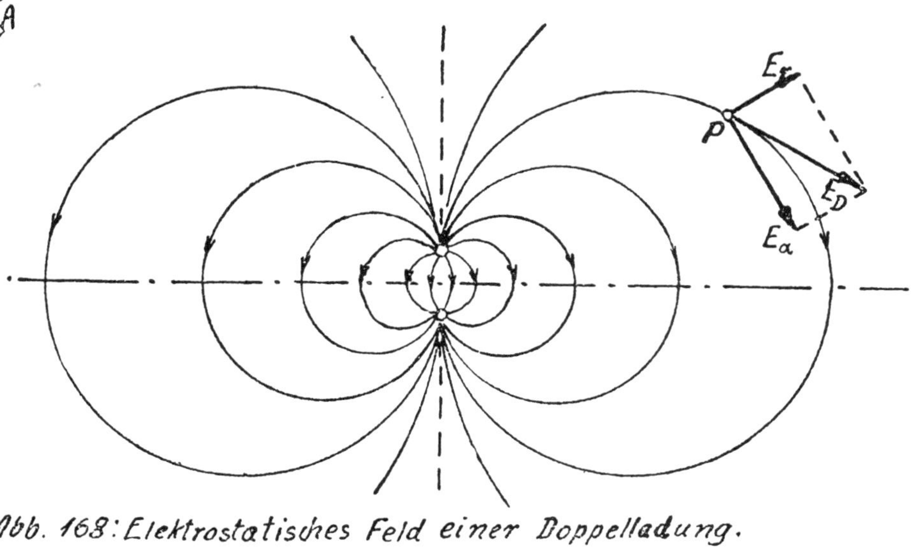

Abb. 168: Elektrostatisches Feld einer Doppelladung.

einen Kante ändert sich r um dr, längs der anderen **Kante** das φ um $d\varphi$, so daß diese Kante die Länge $r \cdot \sin\alpha \cdot d\varphi$ hat. $dF = dr \cdot r \cdot \sin\alpha \cdot d\varphi$.

$\mathfrak{H}_\varphi$ ist abhängig von r wie in Abb. 163. Daher wird hier ähnlich wie in (200) unter Fortfall des auf beiden Seiten gemeinsamen Faktors $e^{j\omega t}$

$$j\omega\varepsilon_0 \cdot \mathfrak{E}_\alpha \cdot dr \cdot r \cdot \sin\alpha \cdot d\varphi =$$
$$= -\mathfrak{H}_\varphi\,(r + dr) \cdot (r + dr) \cdot \sin\alpha\, d\varphi + \mathfrak{H}_\varphi\,(r) \cdot r \cdot \sin\alpha\, d\varphi$$

oder:

$$j\omega\varepsilon_0 \cdot [r \cdot \mathfrak{E}_\alpha] = -\frac{\mathfrak{H}_\varphi\,(r + dr) \cdot (r + dr) - \mathfrak{H}_\varphi\,(r) \cdot r}{dr}$$
$$= -\frac{\delta}{\delta r}[r \cdot \mathfrak{H}_\varphi] \tag{213}$$

Gegenüber (200) ist lediglich der Faktor r erschienen. Die Komponente $\mathfrak{E}_r$ gibt einen Verschiebungsstrom durch die Fläche der Abb. 172, für die r konstant ist. Längs der einen Kante ändert sich α um $d\alpha$, so daß sie die Länge $r \cdot d\alpha$ hat. Längs der anderen Kante ändert sich φ um $d\varphi$ und die Länge der Kante ist wieder $r \cdot \sin\alpha \cdot d\varphi$; $dF = r^2 \cdot \sin\alpha\, d\alpha\, d\varphi$ $\mathfrak{H}_\varphi$ ist eine Funktion von α und daher an den beiden wagerechten Kanten verschieden groß. Aus (199) wird hier ohne den Faktor $e^{j\omega t}$

$$j\omega\varepsilon_0 \cdot \mathfrak{E}_r \cdot r^2 \cdot \sin\alpha\, d\alpha\, d\varphi =$$
$$= \mathfrak{H}_\varphi\,(\alpha + d\alpha) \cdot r \cdot \sin(\alpha + d\alpha)\, d\varphi - \mathfrak{H}_\varphi\,(\alpha) \cdot r \cdot \sin\alpha\, d\varphi$$

oder

$$j\omega\varepsilon_0\, \mathfrak{E}_r = \frac{\mathfrak{H}_\varphi\,(\alpha + d\alpha) \cdot \sin(\alpha + d\alpha) - \mathfrak{H}_\varphi\,(\alpha) \cdot \sin\alpha}{r \cdot \sin\alpha \cdot d\alpha} =$$
$$= \frac{1}{r \cdot \sin\alpha} \cdot \frac{\delta}{\delta\alpha}[\sin\alpha \cdot \mathfrak{H}_\varphi] \tag{214}$$

Die von $\mathfrak{H}_\varphi$ durchsetzte Fläche der Abb. 173 besitzt konstantes φ. Längs der einen Karte ändert sich α um $d\alpha$. [Kantenlängen $r \cdot d\alpha$ und $(r + dr) \cdot d\alpha$]. Längs der anderen Kante ändert sich r um dr. $dF = r \cdot dr\, d\alpha$. Längs jeder Kante dieser Fläche gibt es eine Komponente der elektrischen Feldstärke, die von α und r abhängig ist. Aus (193) wird dann ähnlich wie in (201)

$$j\omega\mu_0 \cdot \mathfrak{H}_\varphi \cdot r \cdot dr \cdot d\alpha = \mathfrak{E}_r\,(\alpha + d\alpha) \cdot dr -$$
$$- \mathfrak{E}_\alpha\,(r + dr) \cdot (r + dr) \cdot d\alpha - \mathfrak{E}_r\,(\alpha)\, dr + \mathfrak{E}_\alpha\,(r) \cdot r \cdot d\alpha$$

oder

$$j\omega\mu_0\,[r \cdot \mathfrak{H}_\varphi] = \frac{\delta \mathfrak{E}_r}{\delta\alpha} - \frac{\delta}{\delta r}[r \cdot \mathfrak{E}_\alpha] \tag{215}$$

Es soll nun die Näherungslösung der Gl. (213) bis (215) für das Fernfeld des Dipols (großes r) systematisch entwickelt werden. Die Zeitabhängigkeit aller Komponenten ist durch den Faktor $e^{j\omega t}$ gegeben. Die Abhängigkeit vom Winkel α wird durch die statischen Felder (210), (211) und (212) nahegelegt und es zeigt sich, daß man die Gleichungen exakt befriedigt, wenn man annimmt, daß α in $\mathfrak{E}_r$ als Faktor $\cos\alpha$, in $\mathfrak{E}_\alpha$ als Faktor $\sin\alpha$ und in $\mathfrak{H}_\varphi$ ebenfalls als Faktor $\sin\alpha$ auftritt. Für die komplexen Amplituden diene also der Ansatz

$$\mathfrak{E}_r = f(r) \cdot \cos\alpha$$
$$\mathfrak{E}_\alpha = g(r) \cdot \sin\alpha$$
$$\mathfrak{H}_\varphi = h(r) \cdot \sin\alpha \tag{216}$$

Setzt man dies in (213) bis (215) ein, so tritt das α jeweils auf beiden Seiten der Gleichung mit dem gleichen Faktor auf und verschwindet dadurch aus den Gleichungen. Aus diesen Gleichungen bleiben dann nur noch Gleichungen zwischen den unbekannten Funktionen f, g und h, die die r-Abhängigkeit beschreiben. Aus (213) bis (215) wird dann

$$j\omega\varepsilon_0 \cdot [r \cdot g(r)] = -\frac{d}{dr}[r \cdot h(r)] \tag{217}$$

$$j\omega\varepsilon_0 \cdot f(r) = \frac{2}{r} \cdot h(r) \tag{218}$$

$$j\omega\mu_0\,[r \cdot h(r)] = -f(r) - \frac{d}{dr}[r \cdot g(r)] \tag{219}$$

Aus (218) folgt, daß wegen des 1/r auf der rechten Seite die Funktion f die Größe 1/r in einer höheren Potenz enthält als die Funktion h. Für großes r im Fernfeld ist also die Funktion f (r) neben der Funktion h (r) sehr klein und dann noch wesentlich kleiner neben der Funktion $r \cdot h$ in (219). Wenn man also das f in (219) vernachlässigt, nehmen die Gl. (217) und (219) die gleiche Form an wie das Gleichungspaar (200) und (201), wo hier statt $\mathfrak{E}_x$ das $[r \cdot g]$ und statt $\mathfrak{H}_y$ das $[r \cdot h]$ steht. Daher kann man hier die Lösung (204) für $[r \cdot h]$ und die Lösung (207) für $[r \cdot g]$ nehmen. Mit (216) erhält man also als erste Näherung für das **Fernfeld** die komplexen Momentanwerte

$$\mathfrak{E}_\alpha \cdot e^{j\omega t} = A \cdot \sqrt{\frac{\mu_0}{\varepsilon_0}} \cdot \frac{1}{r} \cdot \sin\alpha \cdot e^{j(\omega t - \omega\sqrt{\varepsilon_0\mu_0} \cdot r)} \tag{220}$$

$$\mathfrak{H}_\varphi \cdot e^{j\omega t} = A \cdot \frac{1}{r} \cdot \sin\alpha \cdot e^{j(\omega t - \omega\sqrt{\varepsilon_0\mu_0} \cdot r)} \tag{221}$$

Die Konstante A beschreibt das Gesamtniveau des Strahlungsfeldes, das durch die Senderleistung bedingt ist, die den Strom im Dipol erzeugt. $\mathfrak{E}_\alpha$ und $\mathfrak{H}_\varphi$ hängen wieder nach (208) zusammen und breiten sich wie in Abb. 165 und 166 aus, nur daß jetzt die Amplituden mit wachsendem Abstand r vom Dipol wie 1/r abnehmen. Wichtig ist die Abhängigkeit von α mit dem Faktor $\sin\alpha$, so daß also eine Antenne in der Dipolrichtung nicht strahlt. Die Phasengeschwindigkeit der Welle ist wieder die Lichtgeschwindigkeit (206). $\mathfrak{E}_\alpha$ und $\mathfrak{H}_\varphi$ liegen nach Abb. 174 auf einer Kugeloberfläche mit dem Radius r. Der „Strahlungsvektor" $\mathfrak{S}$, der die Fortpflanzungsrichtung angibt, hat die Richtung des Radius. Für die Radialkomponente $\mathfrak{E}_r$ folgt aus (216) und (218) mit $\mathfrak{H}_\varphi$ aus (221)

$$\mathfrak{E}_r \cdot e^{j\omega t} = -j\frac{2A}{\omega\varepsilon_0} \cdot \frac{1}{r^2} \cdot \cos\alpha \cdot e^{j(\omega t - \omega\sqrt{\varepsilon_0\mu_0} \cdot r)} \tag{222}$$

Wesentlich daran ist die Phasenverschiebung durch den Faktor j und die Abnahme mit $1/r^2$.

Das Nahfeld des Elementardipols

Einige rein qualitative Betrachtungen sollen den Vorgang der Ablösung der Welle von der Antenne erläutern. Abb. 175 zeigt den zeitlichen Verlauf des Antennenstroms und der Dipolladung.

Abb. 176a gibt den zum Punkt a der Abb. 175 gehörenden Feldzustand in Antennennähe ähnlich wie in Abb. 168. Da sich jedoch jede Feldänderung nur mit Lichtgeschwindigkeit ausbreitet, erstreckt sich dieses elektrische Feld der auf dem Dipol befindlichen Ladungen nur innerhalb der gestrichelten Grenzkugel, deren Radius sich mit Lichtgeschwindigkeit erweitert. Mit fortschreitender Zeit nimmt die Aufladung wieder ab und man erreicht den Zustand b (Abb. 175 und 176), wo die Felder in Dipolnähe abnehmen, aber außen durch Wirkungen des Verschiebungsstroms in bisheriger Größe aufrechterhalten werden. Im Zustand c ist die Dipolladung verschwunden und das sich ausbreitende elektrische Feld hat keinen Zusammenhang mit der Antenne mehr. Im Zustand d baut sich in Dipolnähe ein Feld entgegengesetzter Richtung auf. Dieses Bild der abwandernden elektrischen Feldlinien muß man sich durch die mitwandernden magnetischen Feldlinien ergänzt denken, die den Dipol wie in Abb. 169 als Kreise in waagerechten Ebenen umgeben. Abb. 177 zeigt solche Feldlinienkreise wechselnder Richtung (vgl. Abb. 165 und 166) in der waagerechten Mittelebene. Dazwischen laufen wie in Abb. 166 die Verschiebungsströme in senkrechten Ebenen, die merkwürdig geformte, geschlossene Stromkreise im freien Raum bilden, die nach Abb. 166 im Momentanbild gegenüber den geschlossenen elektrischen Feldlinien (Abb. 176) eine räumliche Verschiebung um eine Viertelwellenlänge haben und nach (198) bis auf den Faktor $j\omega\varepsilon_0$ die Komponenten (220) und (222) besitzen. In der Nähe der Antenne besitzt das magnetische Feld auch noch eine Komponente, die mit $1/r^2$ abfällt und dem einfachen Gesetz (212) entspricht. Die vollständige Lösung für $\mathfrak{H}_\varphi$ lautet dann

$$\mathfrak{H}_\varphi = A \cdot \left(\frac{1}{r} + j\frac{\lambda}{2\pi} \cdot \frac{1}{r^2}\right) \cdot \sin\alpha \cdot e^{j(\omega t - \omega\sqrt{\varepsilon_0\mu_0} \cdot r)} \tag{223}$$

In der unmittelbaren Nähe der Antenne (sehr kleines r) wird das Glied mit $1/r^2$ den Hauptanteil darstellen:

$$\mathfrak{H}_\varphi = jA \cdot \frac{\lambda}{2\pi} \cdot \frac{1}{r^2}\sin\alpha \cdot e^{j\omega t} \tag{224}$$

Wenn in der Antenne ein Wechselstrom $\mathfrak{J} \cdot e^{j\omega t}$ fließt, so ist nach Vergleich von (212) und (224)

$$\frac{\mathfrak{J} \cdot \Delta}{4\pi} = jA \cdot \frac{\lambda}{2\pi}$$

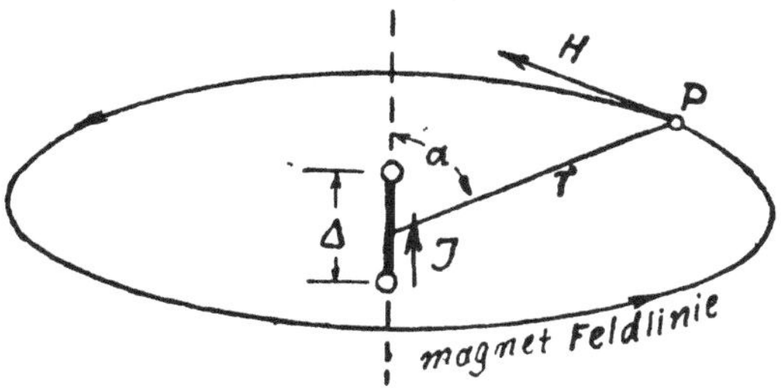

Abb. 169: Magnetfeld eines Leiterstücks nach Biot-Savart.

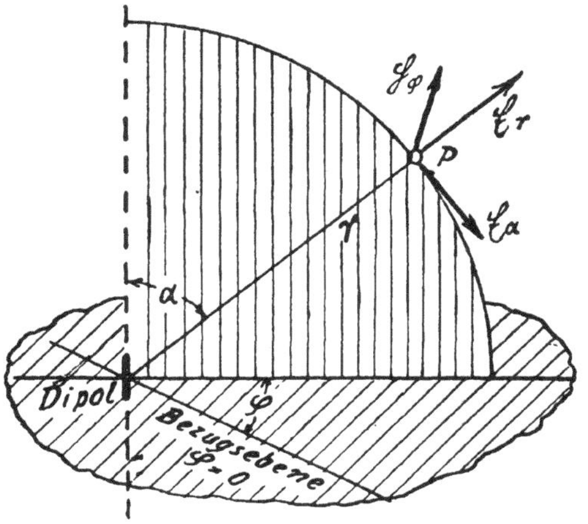

Abb. 170: Kugelkoordinaten des Punktes P.

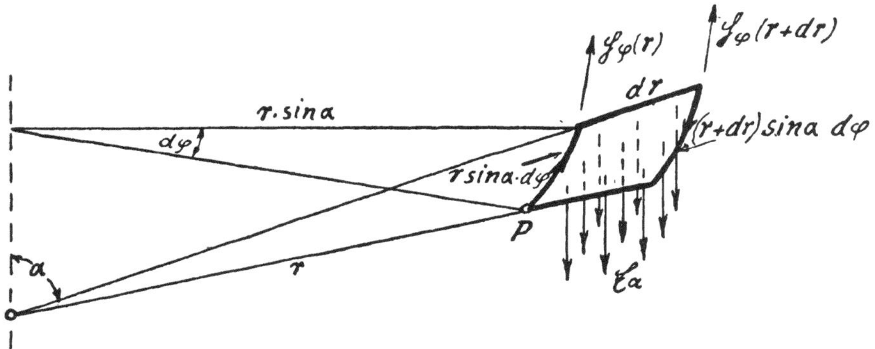

Abb. 171: Das Magnetfeld des Verschiebungsstroms $j\omega\mathfrak{E}_\alpha$.

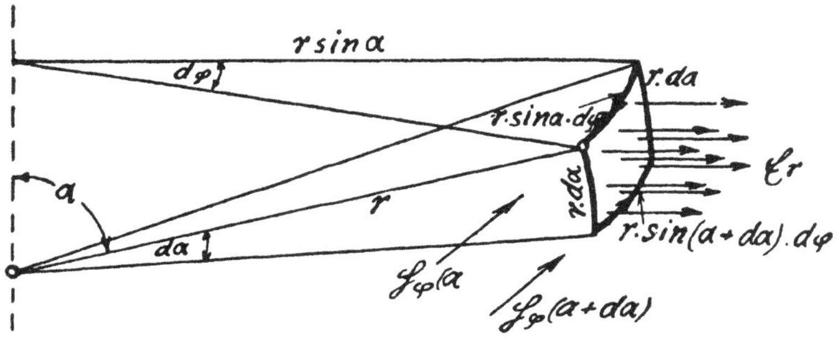

Abb. 172: Das Magnetfeld des Verschiebungsstroms $j\omega\mathfrak{E}_r$.

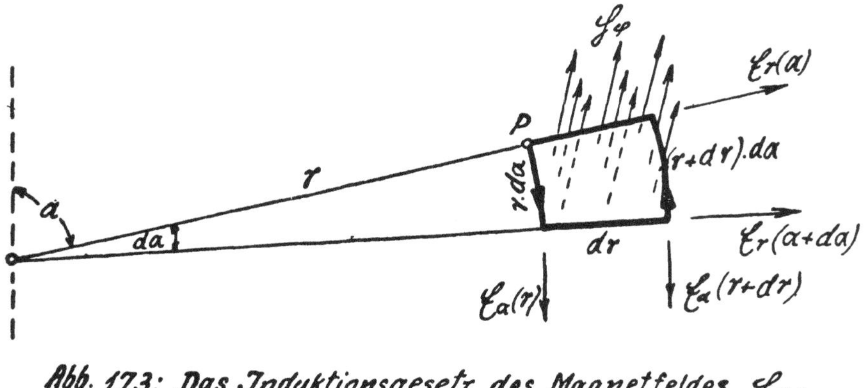

Abb. 173: Das Induktionsgesetz des Magnetfeldes $\mathfrak{H}_\varphi$.

Die Konstante A hat also einen einfachen Zusammenhang mit dem Antennenstrom $\mathfrak{J}$

$$A = -j\,\frac{\mathfrak{J}}{2}\cdot\frac{\Delta}{\lambda} \qquad (225)$$

Die Stärke des Strahlungsfeldes wird also wesentlich von dem Verhältnis der Antennenhöhe und der Wellenlänge bestimmt.

Die ausgestrahlte Energie

Die Betrachtungen an Hand der Abb. 176 zeigen, daß sich in jeder halben Periode ein in sich geschlossenes Feldgebilde ablöst und mit Lichtgeschwindigkeit in den Raum wandert. Diese Energie muß der den Dipolstrom erzeugende Sender laufend liefern. Die Energiedichte eines elektromagnetischen Feldes mit der elektrischen Feldstärke E und der magnetischen Feldstärke H beträgt

$$G = \frac{1}{2}(\varepsilon_0 \cdot E^2 + \mu_0 H^2) \qquad (226)$$

Wenn E und H reelle Momentanwerte eines Wellenfeldes sind, so besteht wegen der Gleichung $E/H = \sqrt{\frac{\mu_0}{\varepsilon_0}}$ die Energiedichte zu gleichen Teilen aus elektrischer und magnetischer Energie, also ist auch

$$G = \mu_0 \cdot H^2 \qquad (227)$$

Wenn $|\mathfrak{H}|$ der Scheitelwert der magnetischen Feldstärke, so ist der zeitliche Mittelwert der Energiedichte

$$G_m = \frac{1}{2}\,\mu_0 \cdot |\mathfrak{H}|^2 \qquad (228)$$

Für die Kugelwelle des Dipols ist nach (221)

$$G_m = \frac{1}{2}\,\mu_0\,A^2 \cdot \frac{1}{r^2}\cdot \sin^2\alpha \qquad (229)$$

G_m ist der mittlere Energieinhalt eines Raumes von 1 cm³. Da die Energiepakete mit Lichtgeschwindigkeit durch die Kugeloberfläche der Abb. 174 treten, wandert durch ein am Punkte P liegendes Oberflächenstück der Kugel von 1 cm² je Sekunde der Energieinhalt von $3 \cdot 10^{10}$ cm³. Der Strahlungsvektor $\mathfrak{S}$ erhält eine Größe gleich der durch 1 cm² pro Zeiteinheit tretenden Energie, die man Strahlungsdichte S nennt. Nach (206) und (229) ist

$$S = \frac{1}{2}\sqrt{\frac{\mu_0}{\varepsilon_0}}\cdot A^2 \cdot \frac{1}{r^2}\cdot \sin^2\alpha \qquad (230)$$

Die gesamte durch die Kugeloberfläche je Sekunde tretende Energie, die man die Strahlungsleistung N nennt, erhält man durch Integration der Ausstrahlung über die Kugeloberfläche. Zu diesem Zwecke teilt man die Kugeloberfläche in infinitesimale Zonen nach Abb. 178, die jeweils zu einem Winkelabschnitt $d\alpha$ gehören. Die Breite der Fläche ist $r \cdot d\alpha$, ihr Radius unter dem jeweiligen Winkel α gleich $r \cdot \sin\alpha$. Diese Ringfläche hat also die Oberfläche $dF = 2\pi r^2 \cdot \sin\alpha \cdot d\alpha$ und durch dF fließt nach (230) die Leistung

$$dN = S \cdot dF = \sqrt{\frac{\mu_0}{\varepsilon_0}}\cdot A^2\pi \cdot \sin^3\alpha \cdot d\alpha \qquad (231)$$

Integriert man dieses dN über die ganze Kugel, also über α von 0 bis π, so erhält man die Strahlungsleistung.

$$N = \int dN = \frac{4\pi}{3}\,A^2 \cdot \sqrt{\frac{\mu_0}{\varepsilon_0}} \qquad (232)$$

denn $\int \sin^3\alpha \cdot d\alpha = -\frac{1}{3}(\sin^2\alpha + 2)\cdot\cos\alpha$.

Mit $\sqrt{\frac{\mu_0}{\varepsilon_0}} = 120\pi$ wird also die Gesamtausstrahlung

$$N = 160\pi^2\,A^2 \text{ Watt.} \qquad (233)$$

Zwischen der Konstanten A, die in (220) und (221) die Größe der Vektoren festlegt, und der ausgestrahlten Wirkleistung besteht also eine einfache Beziehung.

Bei gegebener Leistung N in Watt ist

$$A = \frac{\sqrt{N}}{4\pi\cdot\sqrt{10}} \approx \frac{\sqrt{N}}{40} \quad \text{Ampere} \qquad (234)$$

Wenn man **N in kW** angibt und das r in km einsetzt, erhält man im Fernfeld die Scheitelwerte

$$\mathfrak{E}_\alpha = \frac{3\cdot\sqrt{N}}{r}\cdot\sin\alpha \;\frac{mV}{cm} \qquad (235)$$

$$\mathfrak{H}_\varphi = \frac{\sqrt{N}}{40\pi r}\cdot\sin\alpha \;\frac{mA}{cm} \qquad (236)$$

für einen Dipol im freien Raum.

III, 3. Strahlungsdiagramm und Eingangswiderstand von Sendeantennen

Das Strahlungsdiagramm der kurzen Antenne

Alle Antennen, deren stromdurchflossene Höhe klein gegen die Wellenlänge ist, kann man als Elementardipol auffassen. Beim Vertikal-Strahlungsdiagramm betrachtet man in einer senkrechten Ebene (Abb. 179) die magnetische Feldstärke in Punkten (großer Kreis), die von der Antenne den gleichen Abstand r haben. Die Feldstärken haben dort nach (221) die räumliche Abhängigkeit $r \cdot \sin\alpha$, wobei k eine Konstante ist, die auch die Funktion 1/r hier einschließt. Die Feldstärke in den Punkten P des Kreises ist also eine Funktion des zugehörigen Winkels α und nimmt nach den Scheitelpunkten des Kreises hin ab. Zeichnet man im Zentrum in jeder α-Richtung einen Pfeil (der also die Richtung des Fortschreitens der Kugelwelle angibt) und gibt ihm die Länge $k \cdot \sin\alpha$ (Abb. 179), so gibt die Gesamtheit dieser Pfeile die Feldstärkeverteilung auf dem gezeichneten Kreis um die Antenne an (Abb. 180). Verbindet man die Endpunkte der Pfeile, so erhält man eine Kurve, die man als das Vertikaldiagramm der Antenne bezeichnet. Diese Kurve ist in Abb. 180 ein Doppelkreis mit dem Kreisdurchmesser k, weil nach Abb. 179 die Sehne x eines solchen Kreises stets die Länge $k \cdot \sin\alpha$ hat. Diese Kurve des Vertikaldiagramms ist gleichzeitig in der Umgebung der Antenne der geometrische Ort aller Raumpunkte, in denen die Antenne gleiche Feldstärken erzeugt. Denn wenn bei konstantem r (großer Kreis in Abb. 179) das $k \cdot \sin\alpha$ die Feldstärke in P angibt, so ist es bei konstanter Feldstärke dem Abstand des betrachteten Punktes P proportional, weil die Feldstärke von 1/r abhängt und daher das Produkt von Feldstärke und Abstand r bei gegebenem α für alle betreffenden Raumpunkte konstant ist. Wenn man nicht eine vertikale Raumebene wie in Abb. 180, sondern eine horizontale Ebene betrachtet, so kann man in gleicher Weise die Verteilung der Feldstärken in dieser horizontalen Ebene darstellen, also in Abhängigkeit von der Koordinate φ (Abb. 170). Da die Feldstärke hier nicht von φ abhängt, ist sie also in den Punkten eines Kreises mit dem Radius r konstant, und alle Pfeile, die die Größe der Feldstärke anzeigen, haben gleiche Länge. Eine solche Antenne nennt man einen Rundstrahler, und das „Horizontaldiagramm" eines solchen Rundstrahlers (die Verbindungslinie der Endpunkte der Pfeile) ist ein Kreis um die Antenne (vgl. Abb. 184: „Einzelantenne").

Da die waagerechte Symmetrieebene des Dipols (Abb. 177) nur von senkrechten elektrischen Feldlinien durchstoßen wird, kann man durch diese Ebene nach Abb. 181 eine leitende Ebene legen, ohne das Feld zu stören. Es bleibt (220) und (221) bestehen, also auch das Vertikaldiagramm der Abb. 180, soweit es die obere Raumhälfte betrifft. Der Zusammenhang zwischen der Feldkonstanten A und dem Antennenstrom $\mathfrak{J}$ in (225) bleibt bestehen, wenn man dort für Δ die Antennenhöhe einschließlich Spiegelbild ansetzt ($\Delta = 2\Delta'$). Die ausgestrahlte Leistung N in (233) erreicht dann nur den halben Wert, weil die untere Raumhälfte ausfällt. Statt (235) und (236) erhält man für die Halbantenne (N in kW; r in km):

$$\mathfrak{E}_\alpha = \frac{4{,}3\cdot\sqrt{N}}{r}\cdot\sin\alpha \;\frac{mV}{cm} \qquad (237)$$

$$\mathfrak{H}_\varphi = \frac{\sqrt{N}}{28\pi r}\cdot\sin\alpha \;\frac{mA}{cm} \qquad (238)$$

Zwei parallele Antennen gleicher Phase nebeneinander

Die meisten Antennen kann man als Kombinationen von Elementardipolen betrachten. Es werden daher die einfachsten Kombinationen zusammengestellt. Abb. 182 zeigt zwei parallele Antennen gleicher Größe im Abstand a, die von

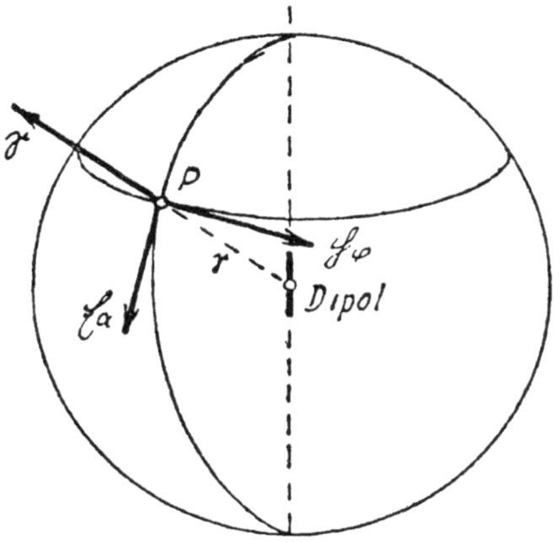

Abb. 174: Feldvektoren im Fernfeld.

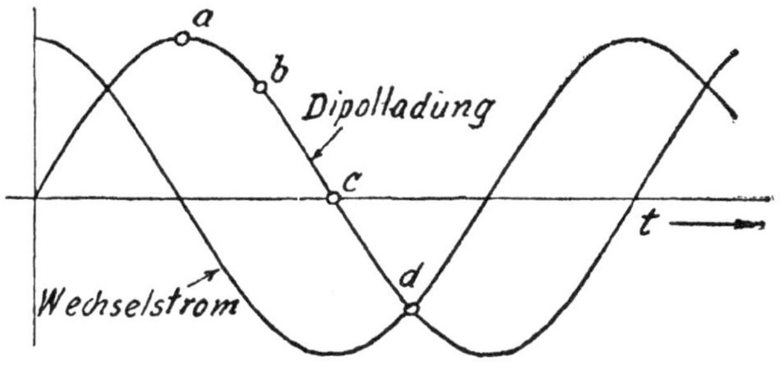

Abb. 175: Vorgänge auf der Antenne.

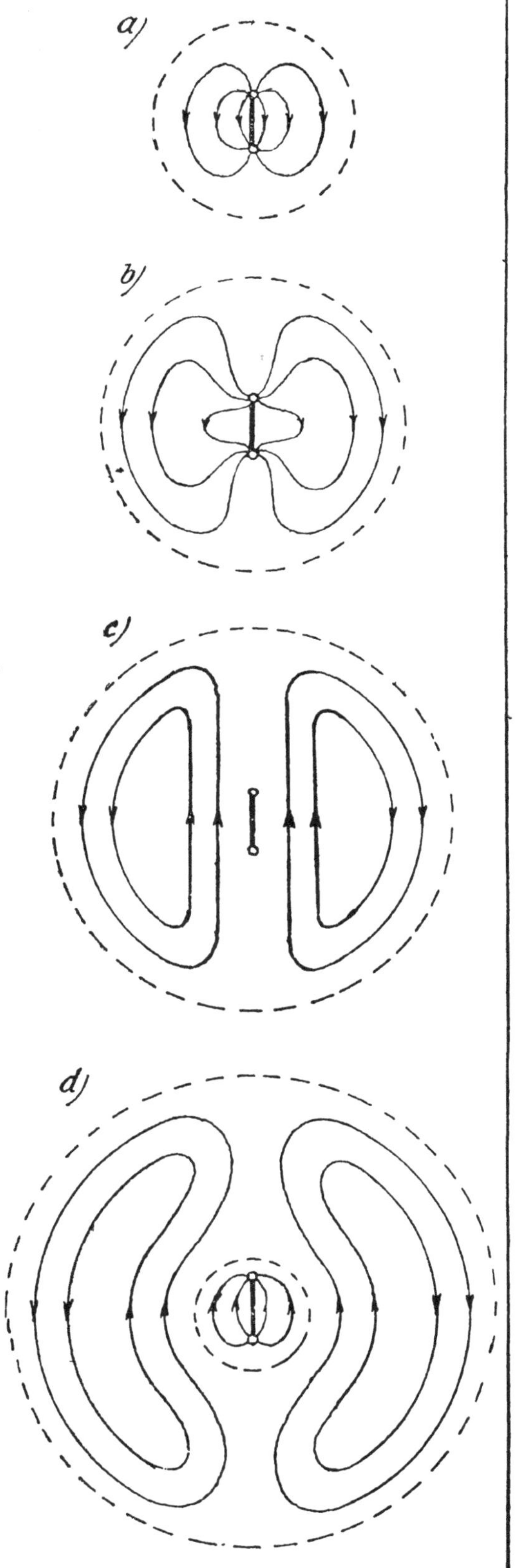

Abb. 176: Ablösung der Welle.
(elektrische Feldlinien).

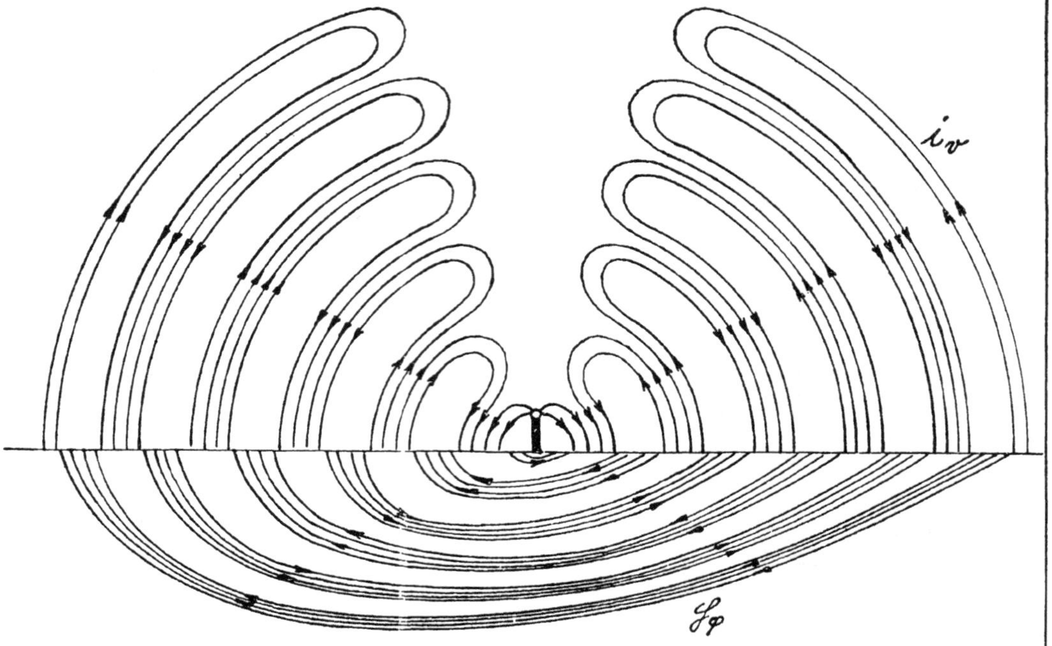

Abb. 177: Elektrisches und magnetisches Feld eines Dipols.

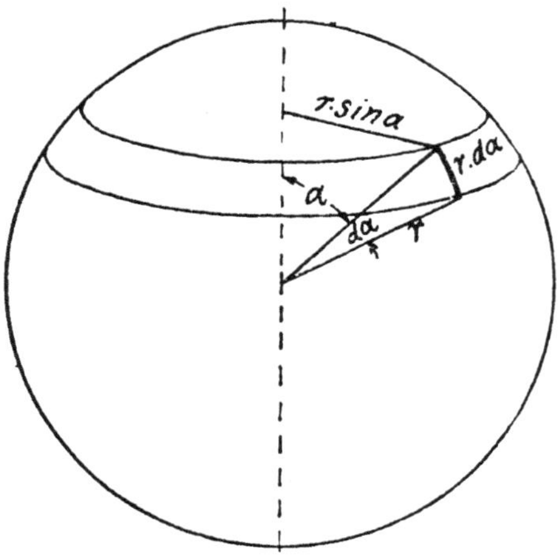

Abb. 178: Zur Integration der ausgestrahlten Leistung

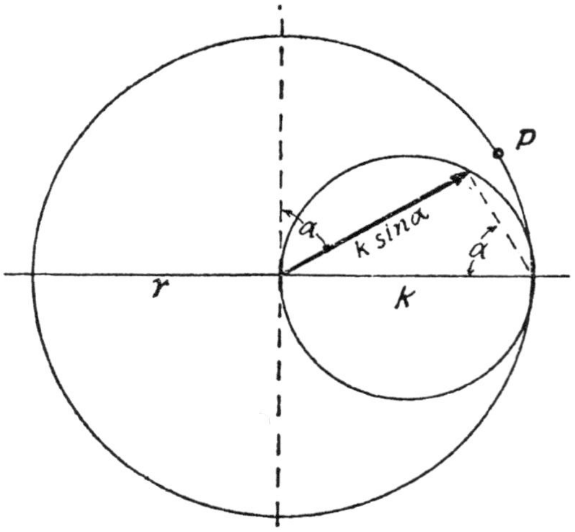

Abb 179: Zur Berechnung des Vertikaldiagramms

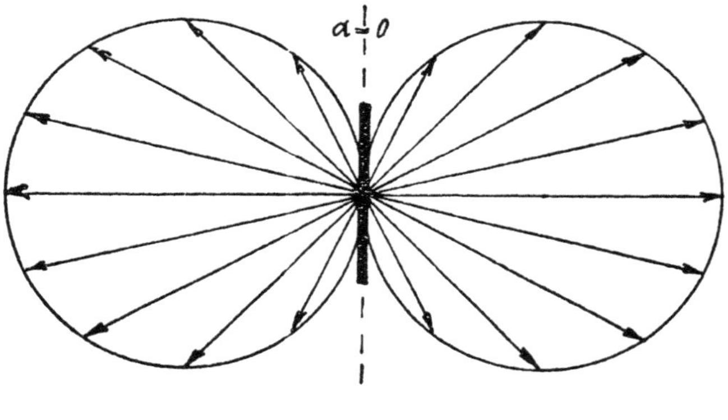

Abb. 180: Vertikaldiagramm eines kurzen Strahlers.

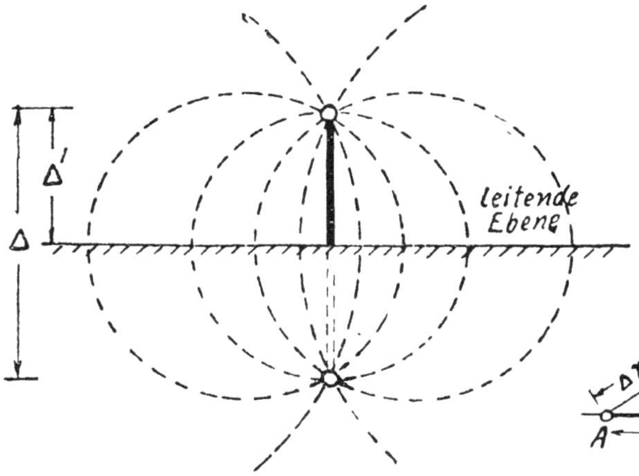

Abb. 181: Antenne mit leitender Symmetrieebene.

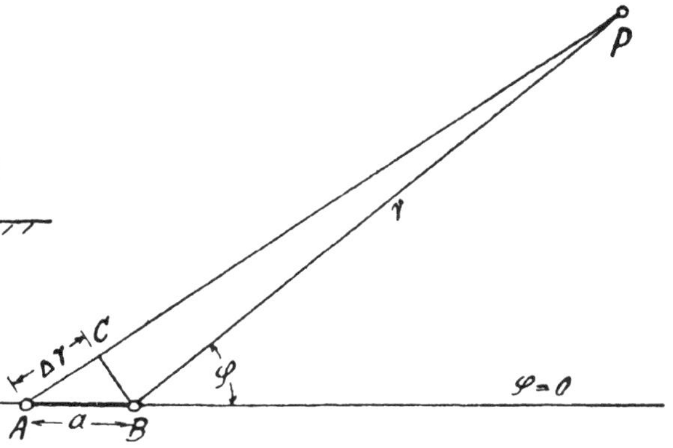

Abb. 182: Zwei parallele gleichphasige Antennen A und B von oben gesehen.

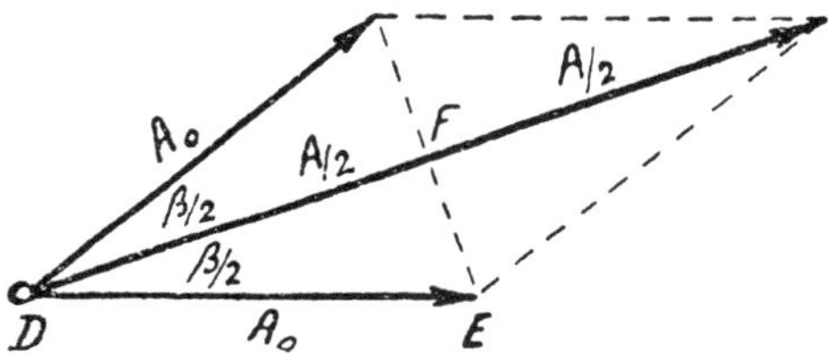

Abb. 183: Addition der komplexen Vektoren der beiden Wellen der Abb. 182.

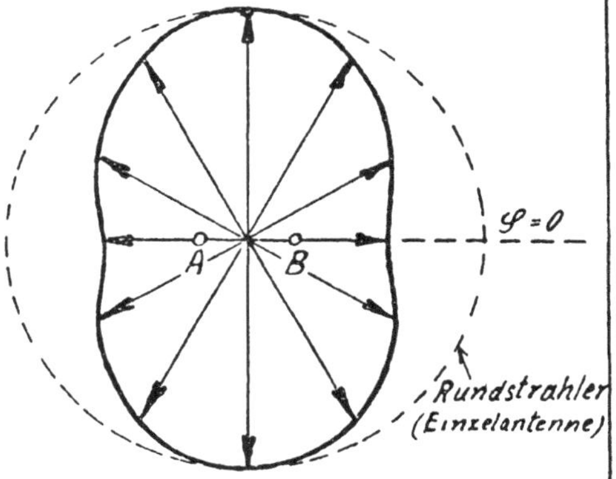

Abb. 184: Horizontaldiagramm zweier paralleler Antennen für $a/\lambda = 0{,}3$.

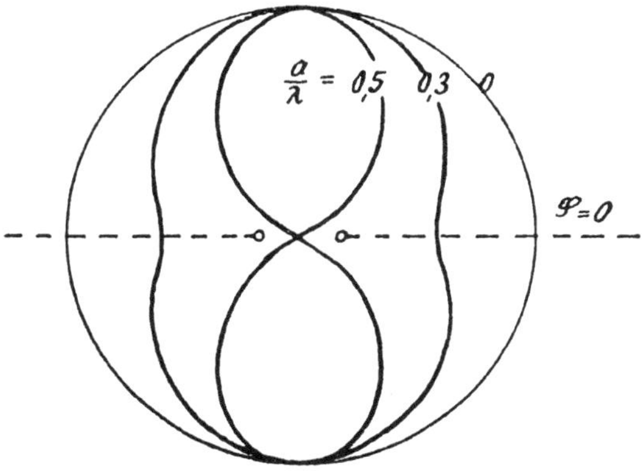

Abb. 185: Horizontaldiagramm paralleler Antennen (gleichphasig).

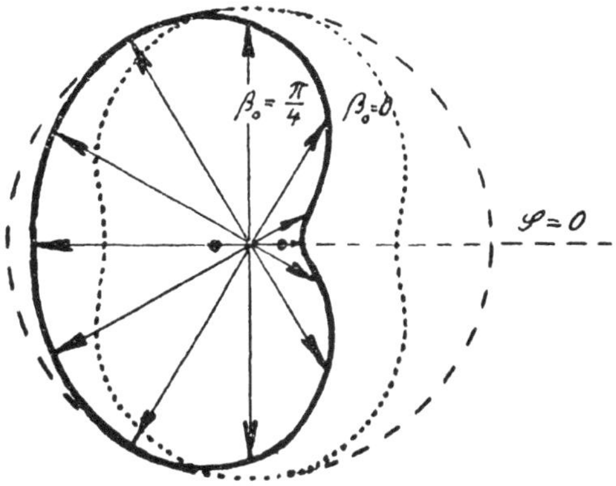

Abb. 186: Horizontaldiagramm zweier paralleler Antennen mit $a/\lambda = 0{,}3$.

Strömen gleicher Größe und Phase durchflossen werden. Berechnet wird das Horizontaldiagramm, also die Feldstärke in den Punkten der in Abb. 182 gezeichneten Horizontalebene, in der die Antennen liegen. Jede Antenne ist der Ausgangspunkt einer Welle, wie sie in III, 2 beschrieben wurde. Gesucht ist die Feldstärke in einem sehr weit entfernten Punkt P. Beide Antennen erzeugen in P Schwingungen nach Abb. 157, zwischen denen im allgemeinen eine Phasenverschiebung bestehen wird, weil die beiden Wellen Wege verschiedener Länge zurückgelegt haben. Die Amplituden der beiden Wellen werden jedoch gleich groß sein, weil sie aus gleichartigen Quellen stammen und die Entfernung beider Antennen von dem sehr weit entfernten P soweit gleich ist, daß der Faktor 1/r in (221) für beide Antennen praktisch gleich ist.
Wesentlich ist also nur die Phasendifferenz $2\pi\Delta r/\lambda$ nach (185) der beiden Schwingungen in P. Abb. 182 zeigt die Lage der Wegdifferenz Δr im Dreieck ABC, das bei sehr weit entferntem P bei C einen rechten Winkel besitzt. Die Lage von P in der Ebene wird durch den Winkel φ angegeben, wobei die Gerade $\varphi = 0$ durch die beiden Antennen läuft. Die Strecke $\overline{AB}$ ist der Antennenabstand a und die Abstandsdifferenz Δr aus dem rechtwinkligen Dreieck gleich $a \cdot \cos\varphi$. Zwischen den beiden in P eintreffenden Wellen besteht also die Phasendifferenz

$$\beta = 2\pi \cdot \frac{\Delta r}{\lambda} = 2\pi \cdot \frac{a}{\lambda} \cdot \cos\varphi \qquad (239)$$

Die Einzelwellen haben in P die Amplitude A_0. Die resultierende Amplitude in P ist also der Absolutwert A des komplexen Vektors nach Abb. 183, der durch Addition zweier gleicher komplexen Vektoren der Länge A_0 mit der Phasendifferenz β entsteht. Das rechtwinkelige Dreieck DEF in Abb. 183 besitzt den Winkel $\beta/2$, die gegebene Seite A_0 und die unbekannte Seite A/2. Es ist also nach (239)

$$A = 2 \cdot A_0 \cdot \cos\beta/2 = 2\,A_0 \cdot \cos\left(\frac{\pi a}{\lambda} \cdot \cos\varphi\right) \qquad (240)$$

In Abb. 184 ist das Horizontaldiagramm einer solchen Antenne mit $a/\lambda = 0{,}3$ gezeichnet, d. h. es sind in jeder Richtung φ-Pfeile der Länge A nach (240) gezeichnet und die Endpunkte der Pfeile verbunden. Das Horizontaldiagramm gibt die Feldstärkeverteilung in Abhängigkeit von φ für Punkte P mit konstantem Abstand vom Zentrum der Doppelantenne oder den geometrischen Ort aller Punkte mit gleicher Feldstärke in der horizontalen Symmetrieebene. Wesentlich ist, daß mit wachsendem $\cos\varphi$ der Phasenwinkel β größer und daher A kleiner wird. Eine solche Doppelantenne bevorzugt also gewisse Ausstrahlungsrichtungen: „Horizontales Richtdiagramm". Abb. 185 zeigt die Diagramme für verschiedene Werte von a/λ. Für $a/\lambda < 0{,}1$ ergibt sich annähernd ein Kreis, also ein Rundstrahler ohne wesentliche Werte von β; d. h. zwei parallele Antennen mit kleinem Abstand wirken wie eine einzige Antenne mit doppeltem Strom. Eine nennenswerte Richtwirkung entsteht nur dann, wenn der Abstand a in der Größenordnung von λ liegt. Bemerkenswert ist, daß für $a/\lambda = 0{,}5$ auf der Geraden $\varphi = 0$ ($\cos\varphi = 1$) die Phasendifferenz $\beta = \pi$ wird und die beiden Wellen sich durch Interferenz auslöschen. Wenn a/λ größer als $\lambda/2$ wird, tritt der Fall $\beta = \pi$ bereits bei kleineren φ-Werten auf. Die Bedingung für eine Nullstelle der Strahlung lautet nach (240): $\beta = (2n + 1) \cdot \pi$ mit ganzzahligem n oder nach (239)

$$\cos\varphi = (n + 1/2) \cdot \lambda/a; \qquad (241)$$

n kann dabei nur solche Werte annehmen, wo $\cos\varphi < 1$ ist. Mit wachsendem a/λ können also immer größere Werte von n auftreten und die Zahl der φ-Richtungen, in denen die Strahlung eine Nullstelle hat, wird entsprechend größer. Zur Erzielung einer *definierten* Richtwirkung ist der Abstand $a = \lambda/2$ nach Abb. 185 besonders geeignet.

Zwei parallele Antennen verschiedener Phasen nebeneinander

Wenn man die beiden Antennen der Abb. 182 mit gleichen Strömen speist, zwischen denen jedoch eine Phasendifferenz β_0 besteht, ändert sich das Horizontaldiagramm, weil die Phasendifferenz der beiden in P eintreffenden Wellen dann $(\beta_0 + 2\pi\Delta r/\lambda)$ beträgt.
Die Amplitude in P ist nach (240)

$$A = 2\,A_0 \cdot \cos\left(\frac{\beta_0}{2} + \frac{\pi \cdot a}{\lambda} \cdot \cos\varphi\right) \qquad (242)$$

Das Vorzeichen von β_0 ist dabei durch folgende Regel festgelegt: Wenn, wie in Abb. 182, die Richtung $\varphi = 0$ nach rechts liegt, dann gibt ein Voreilen der rechten Antenne ein positives β_0. Abb. 186 zeigt als Beispiel den Fall $a/\lambda = 0{,}3$ mit $\beta_0 = \pi/4$. Man vergleiche das Diagramm mit $\beta_0 = 0$ (Abb. 184). Das zusätzliche β_0 macht das Diagramm unsymmetrisch. Die Antenne bevorzugt bei positivem β_0 Ausstrahlungsrichtungen mit negativem $\cos\varphi$, wo sich die Wirkungen des β_0 und des $2\pi\Delta r/\lambda$ mehr oder weniger aufheben und β klein bleibt, während in den Bereichen, wo β_0 und $2\pi\Delta r/\lambda$ gleiches Vorzeichen haben, β groß wird und dies zur Verminderung der Ausstrahlung führt. Die Zahl der Möglichkeiten der Kombination von a/λ-Werten mit β_0-Werten ist außerordentlich groß. In der Praxis spielen die Fälle $\beta_0 = \pm\pi/2$ und $\beta_0 = \pi$ (gegenläufige Ströme) eine besondere Rolle. Zunächst sei der Fall $\beta_0 = \pi/2$ betrachtet. Der Fall $\beta_0 = -\pi/2$ wird ein spiegelbildliches Diagramm gleicher Form geben, weil rechte und linke Antenne dann vertauscht sind. — Man interessiert sich hier besonders für den Fall $a/\lambda = 1/4$, wo in der Richtung $\varphi = 0$ Auslöschung der Wellen eintritt. Nach (242) ist dann

$$A = 2\,A_0 \cdot \cos\pi/4 \cdot (1 + \cos\varphi) \qquad (243)$$

Das zugehörige Diagramm zeigt Abb. 187 mit einer ausgeprägten Richtwirkung in der Richtung zur nacheilenden Antenne hin. Diese Richtantenne findet in der Praxis ausgedehnte Anwendung.
Das eigentliche Anwendungsgebiet der Richtantenne sind die kürzeren Wellen, weil Richtantennen in ihren räumlichen Abmessungen stets in der Größenordnung der Wellenlänge liegen und daher bei kürzeren Wellen handlichere Dimensionen annehmen. Die Phasenverschiebung zwischen den beiden Antennen kann man z. B. dadurch erzeugen, daß man in die Zuleitungen zu den beiden Einzelantennen Phasenschieber legt. Eine zweite Möglichkeit ist, nur die eine der beiden Antennen zu speisen und den Strom in der zweiten Antenne dadurch zu erzeugen, daß man sie nach Abb. 188a von der Strahlung der ersten Antenne anregen läßt. Dadurch, daß man in diese zweite Antenne Abstimmglieder einbaut, kann man die Phasenverschiebung zwischen den beiden Antennenströmen einstellen. Man spricht dann von strahlungsgekoppelten Antennen. Zum Verständnis der Erscheinungen dient das angenäherte Ersatzbild der Abb. 188b. Einen Elementardipol kann man auffassen als die Serienschaltung der Induktivität L des senkrechten Drahtes und der Kapazität C zwischen den Leitern an seinen Enden. Die Kopplung zwischen den Antennen kann man als kapazitive Kopplung (C_K) erklären. Durch den veränderlichen Blindwiderstand kann man dem Kreis der Nebenantenne einen einstellbaren Gesamtwiderstand geben und dadurch die Größe und Phase des Stromes in der Nebenantenne einstellen. Bei Serienresonanz des zweiten Kreises sind die Ströme in ihm sehr groß, und in der Umgebung dieser Resonanz ändert sich die Phase sehr schnell bei Änderung des x. Nur in der Umgebung der Resonanz der zweiten Antenne mit ihrer Abstimmschaltung wird man daher geeignete Betriebsbedingungen finden. Durch geeignete Wahl von x und a kann man dann Strom und Phase in jeder gewünschten Weise einstellen. Wenn Abstand und Phase dieser zweiten Antenne so eingestellt sind, daß in Richtung dieser Antenne Auslöschung eintritt ($\varphi = 0$ in Abb. 187), nennt man diese Antenne einen Reflektor. Wenn in Richtung dieser Antenne maximale Ausstrahlung eintritt ($\varphi = \pi$ in Abb. 187), nennt man sie einen Direktor.

Gegenläufige Doppelantenne

Wenn zwei parallele Antennen nach Abb. 182 von entgegengesetzten Strömen gleicher Größe durchflossen werden, ist in (242) $\beta_0 = -\pi$ und

$$A = 2\,A_0 \cdot \cos\left(-\frac{\pi}{2} + \frac{\pi \cdot a}{\lambda} \cdot \cos\varphi\right) = 2\,A_0 \cdot \sin\left(\frac{\pi a}{\lambda} \cdot \cos\varphi\right) \qquad (244)$$

Für sehr kleine a/λ ist A sehr klein. Gegenläufige Ströme in geringem Abstand kompensieren also gegenseitig ihre Ausstrahlung. Ein bekanntes Beispiel dieser Art ist die Rahmenantenne (Abb. 189), die im einfachsten Fall aus einem rechteckigen Drahtrahmen besteht. Bei gegebenem Strom kann man die Ausstrahlung dadurch verbessern, daß man den Rahmen aus mehreren Windungen baut. Wenn man das Horizontaldiagramm eines solchen Rahmens berechnen will, kann man sich auf die Ausstrahlung der beiden senkrechten Drahtstücke nach (244) beschränken, die von entgegengesetzten

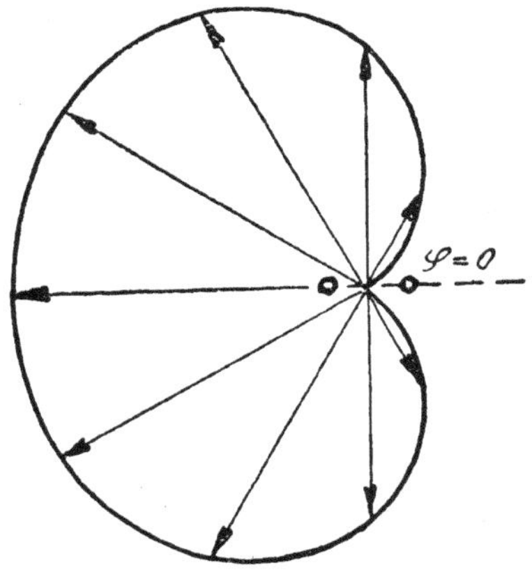

Abb. 187: Horizontaldiagramm für $a/\lambda = 0{,}25$ und $\beta_0 = \frac{\pi}{2}$.

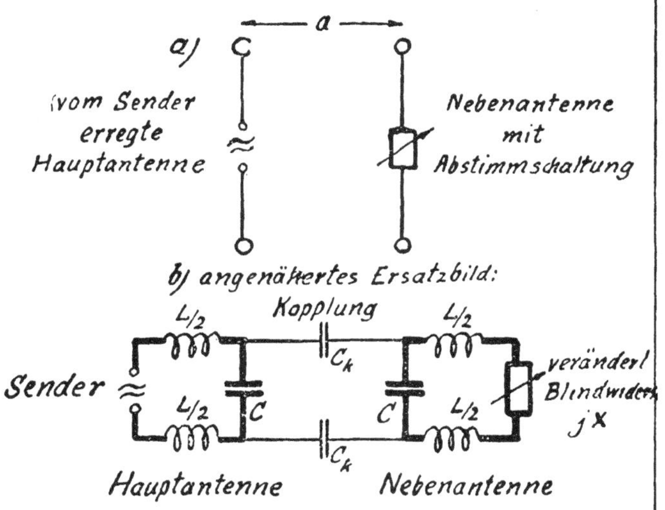

Abb. 188: Strahlungsgekoppelle Nebenantenne.

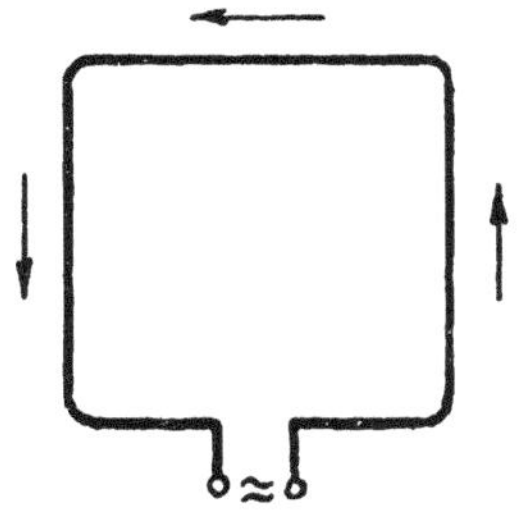

Abb 189: Rahmenantenne.

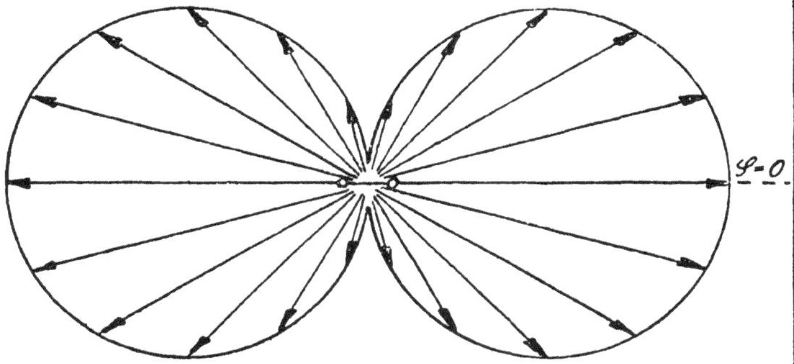

Abb. 190: Horizontaldiagramm einer Rahmenantenne.

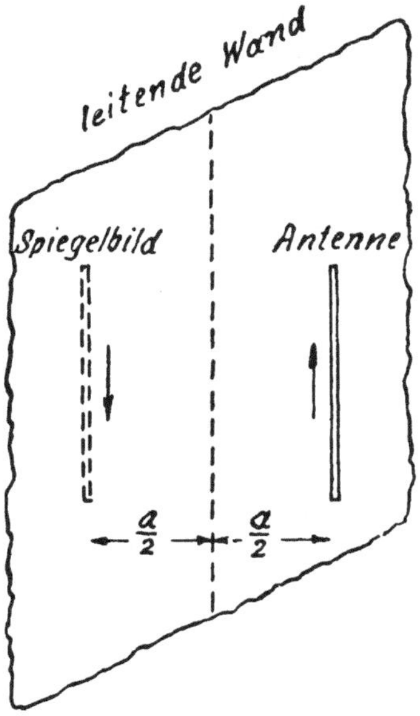

Abb. 191: Antenne mit Reflexionswand.

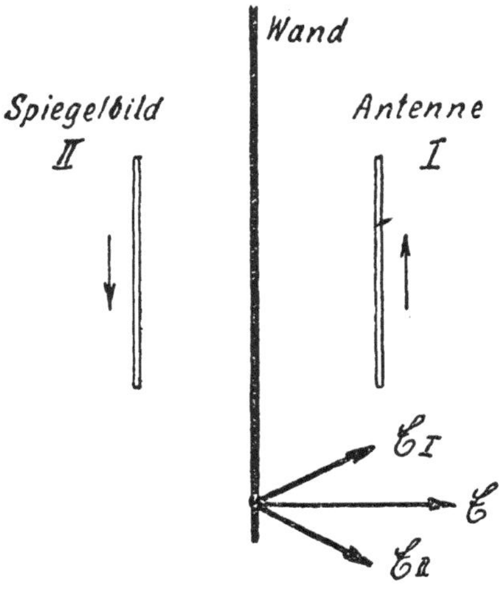

Abb. 192: Antenne mit Spiegelbild.

Strömen durchflossen werden. Bei Rahmenantennen ist a/λ üblicherweise sehr klein und die Näherung $\sin x = x$ zu verwenden. Für kleine a/λ wird also aus (244)

$$A = 2 A_0 \cdot \frac{\pi \cdot a}{\lambda} \cdot \cos \varphi \qquad (245)$$

Die Feldstärken sind bei gegebenem Strom der Größe a/λ direkt proportional. Das Horizontaldiagramm wird durch die Größe $\cos \varphi$ bestimmt. Es besteht (ebenso wie das Vertikaldiagramm des Einzelstrahlers nach Abb. 180) nach Abb. 190 aus zwei Kreisen.

Man vergleiche den entsprechenden Beweis in Abb. 179. Die Nullstelle des A bei $\varphi = \pm \pi/2$ haben grundsätzlich alle gegenläufigen Doppelantennen [$\cos \varphi = 0$; vgl. Gl. (244)]. Außerdem ist ihr Diagramm stets symmetrisch. Je weiter sich die Antennen voneinander entfernen, desto größer wird die Feldstärke im Außenraum. Die maximale Feldstärke $2 A_0$ erhält man nach (244) dort wo $\frac{\pi a}{\lambda} \cdot \cos \varphi = \pm \pi/2$ ist, mit wachsendem a/λ also erstmalig bei $\varphi = 0$ und $a/\lambda = 0{,}5$. Mit $a/\lambda = 0{,}5$ erhält man ein sehr günstiges Richtdiagramm; mit noch größerem a/λ wandert die maximale Feldstärke zu seitlichen Richtungen $\varphi \neq 0$, um für $a/\lambda = 1$ in der Richtung $\varphi = 0$ sogar wieder eine Nullstelle zu ergeben; vgl. 193. Das wichtigste Anwendungsbeispiel der gegenläufigen Antennen ist die Antenne parallel zu einer leitenden Reflektorwand (Abb. 191). Eine solche Wand wirkt so, als ob anstelle der Wand das gegenläufige Spiegelbild der Antenne vorhanden wäre. Nach Abb. 192 erzeugt die Antenne I an der Wand die Feldstärke $\mathfrak{E}_I$ und das Spiegelbild II wegen der umgekehrten Stromrichtung die Feldstärke $\mathfrak{E}_{II}$. Die Komponenten parallel zur Wand heben sich auf, die Komponenten senkrecht zur Wand addieren sich, so daß der resultierende Vektor $\mathfrak{E}$ senkrecht zur Wand steht und dadurch die Grenzbedingung für leitende Oberflächen erfüllt. Wenn die gegebene Antenne den Abstand a/2 von der Wand hat, ist ihr Spiegelbild eine von einem gegenläufigen Strom durchflossene Antenne gleicher Größe im Abstand a/2 hinter der Wand. Der Abstand beider Antennen ist also a und das Horizontaldiagramm der Doppelantenne nach (244), wobei jedoch die linke Hälfte des Diagramms fortfällt, weil hinter der leitenden Reflektorwand keine Strahlung besteht. Abb. 193 gibt das Strahlungsdiagramm von Antennen mit Reflektorwand in Abhängigkeit vom Abstand der Antenne von der Wand. Der Abstand $a/2 = \lambda/4$ gibt ein günstiges Richtdiagramm mit relativ großen Feldstärken in der Ausbreitungsrichtung senkrecht zur Wand.

Das Vertikaldiagramm paralleler Antennen.

Ein vertikales Richtdiagramm besitzt bereits der Einzelstrahler nach Abb. 180, wo die Feldstärke nach (221) mit $\sin \alpha$ abnimmt. Wenn man das Vertikaldiagramm einer Doppelantenne in einer Ebene $\varphi = \text{const.}$ (Abb. 194 a) berechnen will, betrachtet man die beiden Wellen, die in einem Punkte P dieser Ebene ankommen, wobei die Lage von P in dieser Ebene durch den Winkel α festgelegt ist. Wenn A_0 die Feldstärke der Einzelwelle in der horizontalen Ebene ($\alpha = 90^0$) ist, so ist die Feldstärke der Einzelwelle in P nur $A_0 \cdot \sin \alpha$ nach (221). P ist so weit von den Antennen entfernt, daß P bezüglich beider Antennen praktisch gleiches α hat. Der Unterschied Δr der Abstände des P von den beiden Antennen ist so klein, daß das A_0 beider Einzelwellen dort gleich ist. Es entsteht aber wieder wie in (239) eine Phasendifferenz zwischen den Wellen. Wenn zwischen den Antennenströmen die Phase β_0 besteht, so ist die Gesamtphasendifferenz beider Wellen in P

$$\beta = \beta_0 + 2\pi \cdot \Delta r/\lambda \qquad (246)$$

Nach Abb. 194 b ist $\Delta r = a \cdot \cos \varphi \cdot \sin \alpha$. Setzt man zwei Vektoren der Länge $A_0 \cdot \sin \alpha$ unter dem Winkel β nach Abb. 183 zusammen, so erhält man die resultierende Amplitude

$$A = 2 A_0 \cdot \sin \alpha \cdot \cos \left(\frac{\beta_0}{2} + \frac{\pi a}{\lambda} \cdot \cos \varphi \cdot \sin \alpha \right) \qquad (247)$$

Als einfaches und wichtiges Beispiel soll das Vertikaldiagramm zum Horizontaldiagramm der Abb. 187, also für $a/\lambda = 0{,}25$ und $\beta_0 = \pi/2$ in der Hauptrichtung $\varphi = 0$ der Richtantenne gezeichnet werden. Mit $\cos \varphi = 1$ wird aus (247)

$$A = 2 A_0 \cdot \sin \alpha \cdot \cos \left[\frac{\pi}{4} \cdot (1 + \sin \alpha) \right] \qquad (248)$$

Neu, gegenüber (243) ist also der vordere Faktor $\sin \alpha$, während man das hintere $\sin \alpha$ mit dem $\cos \varphi$ der Gl. (243) vergleichen kann. Man erhält also als Vertikaldiagramm einen Kurvenverlauf (Abb. 195), den man aus dem Horizontaldiagramm der Abb. 187 dadurch gewinnt, daß man φ durch $\left(\frac{\pi}{2} - \alpha\right)$ ersetzt und dann alles mit dem zugehörigen $\sin \alpha$ multipliziert. Dadurch entsteht eine Nullstelle der Ausstrahlung für $\alpha = 0$ (senkrecht nach oben) und in der Umgebung von $\alpha = 0$ eine wesentliche Schwächung der Feldstärken durch die kleinen $\sin \alpha$-Werte. Wenn man sich eine Vorstellung von der räumlichen Verteilung der Feldstärke machen will, kann man sich wie in Abb. 196 in perspektivischer Ansicht ein räumliches Diagramm aus dem Horizontaldiagramm der Abb. 187 und dem vertikalen Diagramm der Abb. 195 kombinieren. Man erkennt daran die räumliche Richtwirkung einer Antenne mit Reflektor.

Zwei gleiche Antennen übereinander

Wenn man nach Abb. 197 zwei kurze Antennen übereinander anordnet, bleibt dieses Gebilde ein Rundstrahler, d. h. in einer horizontalen Ebene breitet sich die Welle nach allen Seiten gleichmäßig aus. Es interessiert also nur das Vertikaldiagramm in einer beliebigen senkrechten Ebene. Wenn die Antennen gleich groß und von gleichen Strömen gleicher Phase durchflossen sind, erzeugt jede von ihnen in einem fernen Punkt P in der durch den Winkel α festgelegten Richtung die Feldstärke $A_0 \cdot \sin \alpha$. Dabei kann man voraussetzen, daß P so weit entfernt ist, daß das α und r für beide Antennen praktisch gleich, also auch die Absolutwerte der beiden in P ankommenden Wellen gleich sind. Zwischen den Wellen besteht der Phasenwinkel

$$\beta = 2\pi \cdot \Delta r/\lambda = 2\pi \cdot \frac{b}{\lambda} \cdot \cos \alpha \qquad (249)$$

proportional zur Wegdifferenz $\Delta r = b \cdot \cos \alpha$ der beiden Wellen bis zum Punkte P. b ist der Abstand der Mittelpunkte der beiden Antennen, und Δr berechnet sich aus dem rechtwinkligen Dreieck der Abb. 197 wie in Abb. 182. Wenn man die beiden Amplituden $A_0 \cdot \sin \alpha$ vektoriell nach Abb. 183 zusammensetzt, erhält man als resultierende Amplitude in P wie in (240)

$$A = 2 A_0 \cdot \sin \alpha \cdot \cos \left(\frac{\pi \cdot b}{\lambda} \cdot \cos \alpha \right) \qquad (250)$$

Bereits die Einzelantenne hatte ein vertikales Richtdiagramm nach Abb. 180 wegen des Faktors $\sin \alpha$, der auch hier auftritt. Hier wird die zusätzliche Richtwirkung durch den Faktor $\cos \left(\frac{\pi \cdot b}{\lambda} \cdot \cos \alpha \right)$ angegeben. In der Hauptstrahlungsrichtung $\alpha = \pi/2$ ist wegen $\cos \alpha = 0$ dieser Faktor stets gleich 1 und die Strahlung bleibt dort ein Maximum. Solange b/λ klein ist, bleibt $\cos \left(\frac{\pi \cdot b}{\lambda} \cdot \cos \alpha \right)$ grundsätzlich in der Nähe von 1. Doppelantennen geringer Höhe geben also keine zusätzliche Richtwirkung. Wenn b/λ größer wird, tritt die zusätzliche Richtwirkung in der Umgebung von $\alpha = 0$ ein, wo $\cos \alpha$ seinen größten Wert hat. Da in dieser Richtung bereits die Einzelantenne sehr kleine Feldstärken hat, wirkt sich die zusätzliche Richtwirkung bezüglich der Form des Vertikaldiagramms kaum aus. Das gleiche gilt auch für mehrere Antennen übereinander, solange die Gesamthöhe ein gewisses Maß nicht überschreitet. Auch eine längere Stabantenne kann man als eine Reihe übereinanderliegender kurzer Antennen betrachten. Stabantennen mit einer Gesamtlänge bis $\lambda/2$ haben praktisch das Vertikaldiagramm der Abb. 180, also $A = A_0 \cdot \sin \alpha$. Wenn man eine Einzelantenne nach Abb. 198 über einer leitenden Ebene anbringt, kann man die Wirkung der leitenden Ebene durch eine spiegelbildlich gelegene Antenne ersetzen (vgl. auch Abb. 181). Im Gegensatz zu dem gegenläufigen Spiegelbild der Abb. 191 ist das Spiegelbild bei der leitenden Ebene nach Abb. 198 bezüglich des Stromes gleichphasig. Das Diagramm dieser Anordnung kann man also nach (250) berechnen, wobei b/2 der Abstand der Antennenmitte von der leitenden Ebene und b der Abstand der Mitten von Antenne und Spiegelbild ist. Mit größeren Werten von b/λ kann man jedoch eine nennenswerte zusätzliche Richtwirkung erzielen. Abb. 199 zeigt Diagramme für verschiedene Werte von b/λ. Für $b/\lambda = 1/2$ erhält man erste Andeutungen einer Verminderung der Feldstärken in schräger Richtung. Für $b/\lambda = 0{,}8$ gibt es einen ausgeprägten „Hauptzipfel" in waagerechter Richtung, eine Nullstelle bei $\cos \alpha = 0{,}625$, wo $\frac{\pi b}{\lambda} \cdot \cos \alpha = \pi/2$ ist und für

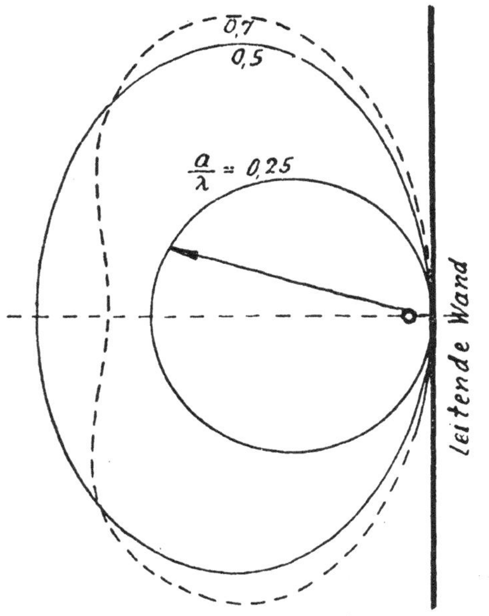

Abb. 193: Horizontaldiagramm einer Antenne vor leitender Wand.

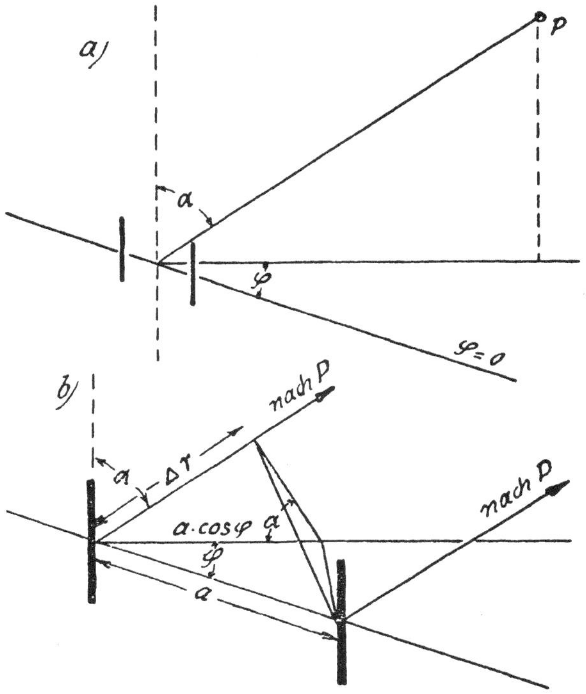

Abb. 194: Zur Berechnung des Vertikaldiagramms einer Doppelantenne.

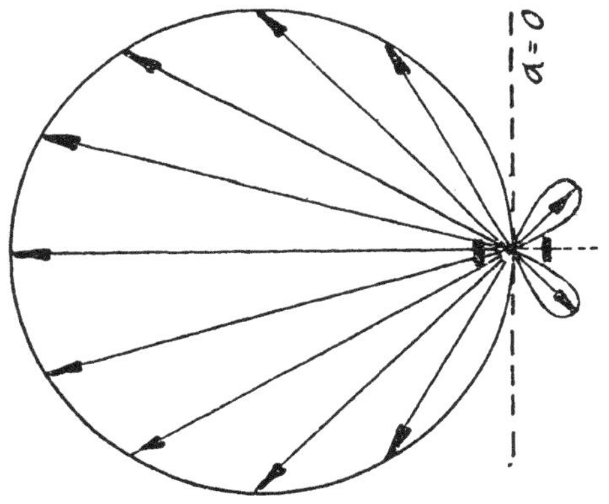

Abb. 195: Vertikaldiagramm der Ebene φ = 0 der Antenne mit Reflektor ($a/\lambda = 0,25$; $\beta_0 = \pi/2$).

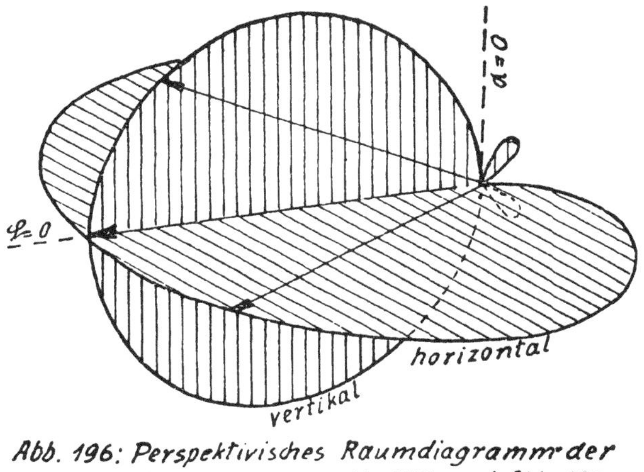

Abb. 196: Perspektivisches Raumdiagramm der Antenne der Abb. 187 und Abb. 195.

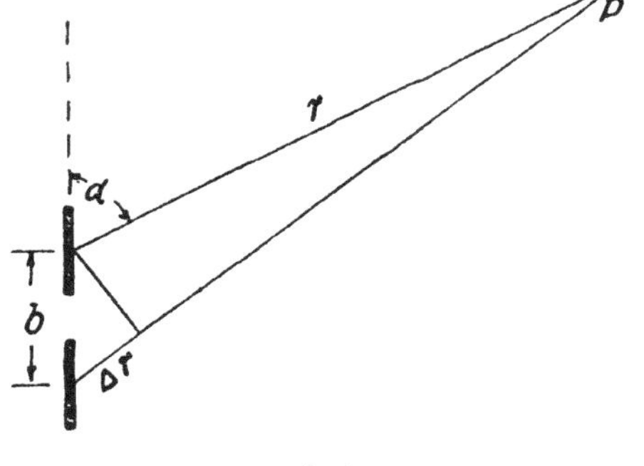

Abb. 197: Zwei Antennen übereinander.

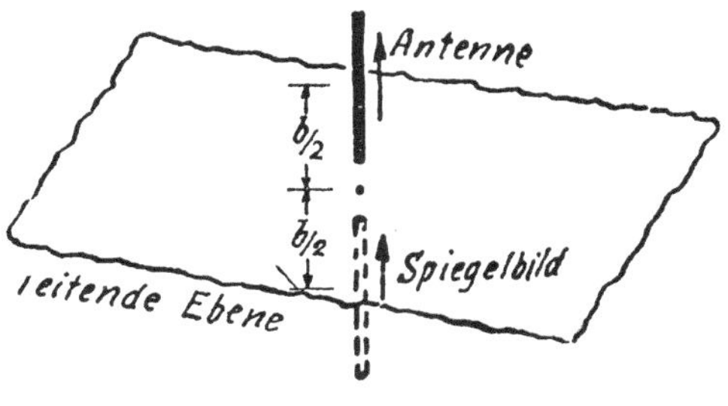

Abb. 198: Antenne mit Spiegelbild.

größere α noch einen kleineren „Nebenzipfel". Praktische Anwendung findet diese Richtwirkung bereits im Bereich der Rundfunkwellen, wo man manchmal eine senkrechte Antenne in nennenswerter Höhe über dem als leitend angenommenen Erdboden nach Abb. 198 anbringt. Man erzielt dadurch eine bevorzugte Ausstrahlung in der waagerechten Richtung, also in der Richtung des hauptsächlichen Empfangs. Wenn zwischen den beiden Antennen der Abb. 197 noch ein Phasenwinkel β_0 der speisenden Antennenströme besteht, ändert sich die Strahlungscharakteristik (250) in

$$A = 2\,A_0 \cdot \sin\alpha \cdot \cos\left(\frac{\beta_0}{2} + \frac{\pi \cdot b}{\lambda} \cdot \cos\alpha\right) \qquad (251)$$

Dabei ist nach Abb. 197 β_0 positiv, wenn die obere Antenne voreilt. Hier interessieren besonders die gegenläufigen Ströme mit $\beta_0 = -\pi$. Dann wird aus (251)

$$A = 2\,A_0 \cdot \sin\alpha \cdot \sin\left(\frac{\pi \cdot b}{\lambda} \cdot \cos\alpha\right) \qquad (252)$$

Für dicht übereinanderliegende, gegenläufige Antennen ist b/λ klein und mit Hilfe der Näherung $\sin x = x$

$$A = 2A_0 \cdot \frac{\pi \cdot b}{\lambda} \cdot \sin\alpha \cdot \cos\alpha = A_0 \cdot \frac{\pi b}{\lambda} \cdot \sin 2\,\alpha. \qquad (253)$$

Die Feldstärke ist dann auch sehr klein, proportional zu b/λ und verschwindet in der waagerechten Richtung ($\alpha = 90^0$; $\sin 2\,\alpha = 0$). Nur für größere b/λ kann dann eine nennenswerte Ausstrahlung entstehen. Gegenläufige Antennen mit kleinem Abstand kompensieren stets ihre Ausstrahlung gegenseitig.

Richtantennen

Wenn man ausgeprägte Richtwirkung nach einer bestimmten Raumgegend erzeugen will, erreicht man dies dadurch, daß man mehrere gleichphasige Antennen mit Reflektor nach Abb. 188 oder mit Reflexionswand nach Abb. 191 ($a = \lambda/2$) nebeneinander und übereinander setzt. Die Gesamtheit der in einer Reihe nebeneinander liegenden Antennen nennt man eine Zeile und die Gesamtheit der in einer Reihe übereinander liegenden Antennen eine Spalte der Richtantenne (Abb. 200). Je breiter die Zeile einer solchen Kombination ist, desto ausgeprägter ist die horizontale Richtwirkung. Je höher die Spalte der Kombination ist, desto ausgeprägter ist die vertikale Richtwirkung. Der Abstand der Antennen voneinander ist im allgemeinen gleich $\lambda/2$. Maßgebend ist im wesentlichen die gesamte Fläche der von den Dipolen ausgefüllten Wand. Die genaue Berechnung solcher Dipolwände ist sehr schwierig, zumal auch die gleichen Ströme gleicher Phase in allen Dipolen und Reflektoren nicht garantiert werden können. Abb. 201 zeigt die üblichen Kurzwellenrichtantennen, die waagerecht liegende Dipole mit Reflektoren besitzen und durch ihr unter der Erdoberfläche liegendes Spiegelbild zu ergänzen sind. Diese Reflexion an der Erdoberfläche führt dazu, daß die Hauptstrahlung schräg nach oben läuft, wobei man diesen Winkel durch geeignete Höhe der Antennen über der Erde so einstellt, daß man die für Ausbreitung auf große Entfernungen (Abb. 221) günstigste Richtung erhält. Mit abnehmender Wellenlänge werden die Abmessungen solcher Antennen immer kleiner, weil die Richtwirkung stets von dem Quotienten der Ausdehnung und der Wellenlänge abhängt. Bei sehr kurzen Wellen ersetzt man daher oft die Reflektoren durch metallische Reflexionswände. Dann kann man die Menge der Dipole auf eine einzige Spalte herabsetzen, wenn man die Reflexionswand nach Abb. 202 parabolisch krümmt und die Dipole in die Brennlinie des Spiegels setzt. Eine solche Anordnung wirkt angenähert so, als ob die Vorderebene der Spiegelöffnung stetig mit gleichartigen, gleichphasigen Dipolen wie in Abb. 200 besetzt ist. Man kann sogar mit einem einzigen Dipol auskommen, wenn man ihn in den Brennpunkt eines Rotationsparaboloids legt (Abb. 203). Auch dieser Spiegel wirkt so, als ob seine Öffnungsebene mit stetig verteilten, gleichen und gleichphasigen Dipolen belegt ist. Die Richtwirkung einer solchen Antenne beschreibt man am einfachsten durch den sog. „Gewinn". Als Gewinn bezeichnet man den Zuwachs an Strahlungsdichte S an einem Empfangsort in der Richtung maximaler Strahlung gegenüber der Strahlungsdichte eines einfachen Dipols nach (230) bei gleicher Senderleistung. Wenn F die Gesamtfläche der Dipolwand in Abb. 200, bzw. die Spiegelöffnung in Abb. 202 und 203 ist, so ist der Gewinn annähernd proportional zu F/λ^2 und etwa gleich

$$g = 5 \cdot F/\lambda^2. \qquad (254a)$$

Wenn die Breite der strahlenden Fläche gleich a ist, so ist in einem Winkel $\pm\,\Theta$ in der Waagerechten um die Hauptstrahlungsrichtung herum, den man als horizontalen Strahlwinkel bezeichnet, die Strahlungsdichte nicht kleiner als die Hälfte der maximalen Strahlungsdichte. Dieses Θ ist angenähert gegeben durch

$$\sin\Theta = \frac{\lambda}{4a} \qquad (254b)$$

Technische Dipolformen

Der Dipol besteht aus einem senkrechten Draht, an dessen Enden Leiter anzubringen sind, die eine gewisse Kapazität gegeneinander besitzen. Bei langen Wellen haben diese Leiter im allgemeinen die Form waagerecht ausgespannter Drähte, die nach einer Seite (L-Antenne) oder nach beiden Seiten (T-Antenne) laufen können, wobei jeweils die untere Hälfte auch durch die spiegelnde Erde ersetzt werden kann (Abb. 204 und 205). Auch die waagerechten Drähte nehmen dann an der Ausstrahlung teil. Ihre Ausstrahlung ist jedoch gering, weil zu jedem Draht auch stets ein von gegenläufigem Strom durchflossener Draht vorhanden ist. Da eine Ausstrahlung der waagerechten Drähte meist nicht erwünscht ist, ist von diesem Standpunkt aus die T-Antenne günstiger als die L-Antenne, weil die T-Antenne im waagerechten Teil aus zwei benachbarten gegenläufigen Stücken besteht. Die für die Abstrahlung nach (225) entscheidende Antennenhöhe Δ ist die Länge des senkrechten Leiters. In vielen Fällen benutzt man auch nur lange Stäbe (Abb. 206), deren oberes Ende dann die Kapazität darstellt. Auf einem solchen Stab besteht dann aber eine komplizierte Stromverteilung, weil nach Abb. 207 der in der Antennenmitte vom Sender erzeugte Strom $\mathfrak{J}$ wegen der nach allen Seiten abfließenden Verschiebungsströme nach den Dipolenden hin stetig abnimmt. Die Verhältnisse sind hier ähnlich wie auf einer am Ende offenen Doppelleitung (vgl. IV, 2), wenn auch bei genauer Berechnung etwas komplizierter, weil die Leitungskonstanten längs des Doppelstabes nicht konstant sind. Für die grundsätzlichen Betrachtungen reicht es jedoch stets aus anzunehmen, daß sich der Strom vom Stab**ende** aus nach einer Funktion $\sin 2\pi l/\lambda$ (Koordinate l in Abb. 207) ändert. Die stetig verteilte Induktivität und Kapazität führt bei längeren Stäben (Abb. 208b) dazu, daß auf dem unteren Teil des Stabes der Strom wieder kleiner wird und bei sehr langen Stäben (Abb. 208c) sogar seine Richtung umkehrt, entsprechend der Funktion $\sin 2\pi l/\lambda$. Physikalisch bedeutet dies, daß ein Teil der Verschiebungsströme (Pfeile in Abb. 208) wieder auf dem Stab landet und zusammen mit dem Stab geschlossene Stromkreise bildet. Die Ausstrahlung eines langen Stabes denkt man sich zusammengesetzt aus kleinen Dipolen der Länge dl (Abb. 209), die von gleichphasigen, aber verschieden großen Strömen durchflossen werden. Die von kleinen Strömen durchflossenen Antennenteile sind also vom Strahlungsstandpunkt nur wenig wirksam. Da eine Verringerung der Stablänge oft aus baulichen Gründen sehr wünschenswert ist, kann man das obere Ende l_0, ohne wesentlichen Strahlungsverlust nach Abb. 210 durch eine kapazitive Last ersetzen, wobei man nur darauf zu achten hat, daß die die großen Ströme führenden Stabteile erhalten bleiben. In einem weit entfernten Punkte der waagerechten Mittelebene gibt jedes Antennenstück dl nach (225) den Beitrag

$$dA = -j \cdot \frac{\mathfrak{J}}{2} \cdot \frac{dl}{\lambda} \qquad (255)$$

zum Strahlungsfeld, wobei $\mathfrak{J}$ der Strom in dem betreffenden Element dl ist. Die resultierende Konstante ist also

$$A = \int dA = -j \cdot \frac{1}{2\lambda} \cdot \int \mathfrak{J} \cdot dl \qquad (256)$$

wobei das Integral über den gesamten Stab einschließlich des ev. Spiegelbildes zu erstrecken ist. $\frac{1}{2}\int \mathfrak{J} \cdot dl$ ist die in Abb. 209 und 210 schraffierte Fläche unter der Stromkurve. Setzt man den Antennenstrom näherungsweise $\mathfrak{J} = \mathfrak{J}_{max} \cdot \sin 2\pi l/\lambda$, so fließt im Fußpunkt einer Antenne der Höhe h der Strom $\mathfrak{J}_A = \mathfrak{J}_{max} \cdot \sin 2\pi h/\lambda$. Man definiert nun eine wirksame Antennenhöhe Δ in Analogie zu (225) durch

$$A = -j \cdot \frac{\mathfrak{J}_A}{2} \cdot \Delta/\lambda \qquad (257)$$

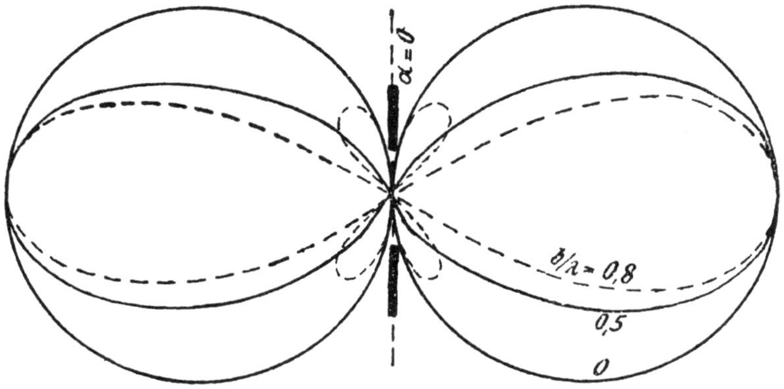

Abb. 199: Vertikaldiagramm zweier Antennen übereinander.

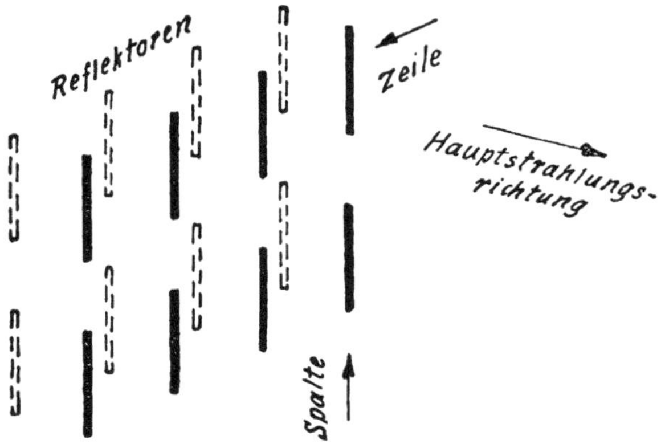

Abb. 200: Richtantenne

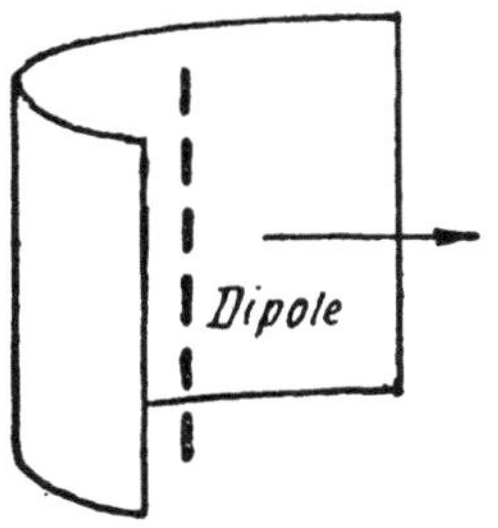

Abb. 202: Parabolischer Spiegel.

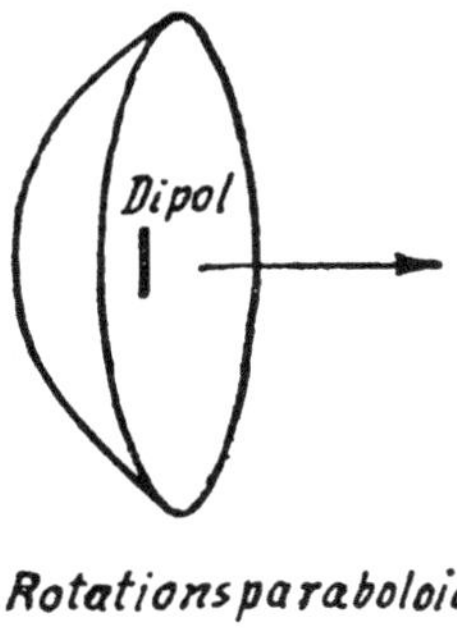

Abb. 203: Rotationsparaboloid.

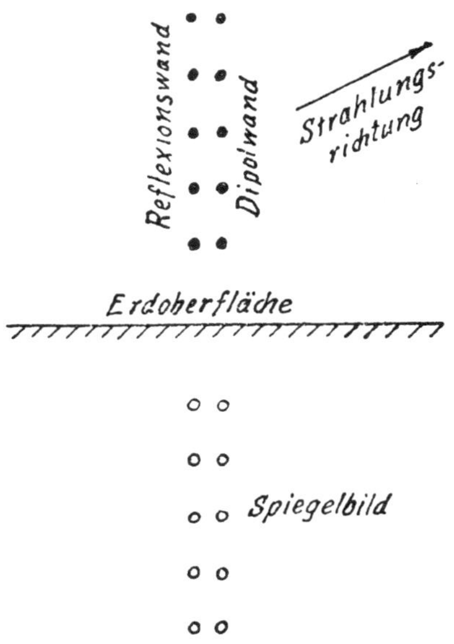

Abb. 201:

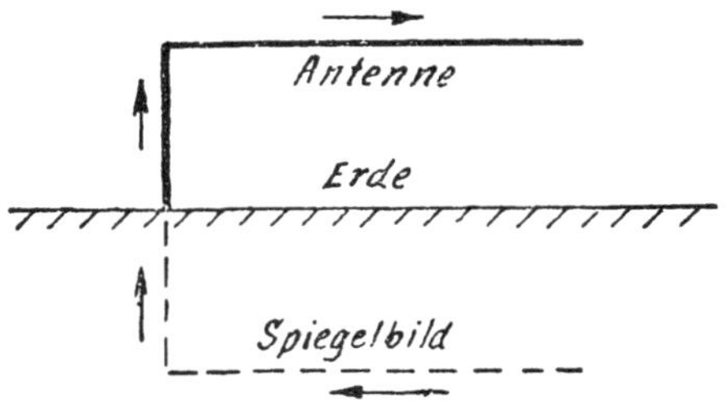

Abb. 204: L-Antenne.

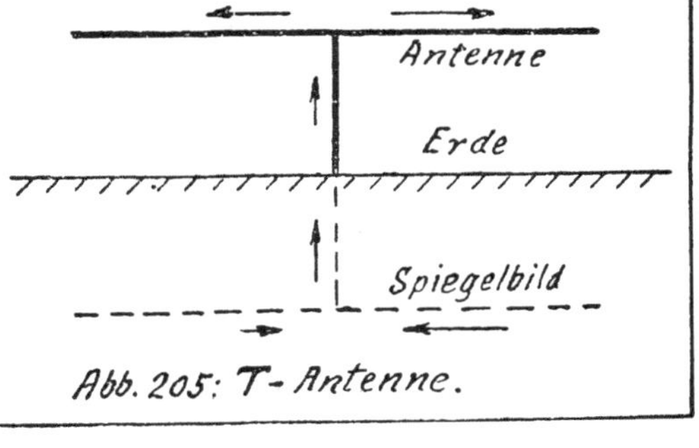

Abb. 205: T-Antenne.

Aus (256) folgt dann für die angenommene Stromverteilung

$$\Delta = \int \frac{\sin 2\pi l/\lambda}{\sin 2\pi h/\lambda} \cdot dl \qquad (258)$$

Für den glatten Stab nach Abb. 206 a und b ist

$$\Delta = \frac{\lambda}{\pi} \cdot \operatorname{tg} \pi h/\lambda \qquad (259)$$

Für kurze Stäbe ist $\Delta = h$ und im Sonderfall $h = \lambda/4$

$$\Delta = \frac{4}{\pi} \cdot h = \lambda/\pi \qquad (260)$$

Das Vertikaldiagramm solcher Stäbe ist für $h < \lambda/4$ annähernd das Diagramm des einfachen Dipols nach Abb. 180, weil nach Abb. 199 eine nennenswert verbesserte Richtwirkung erst für $b/\lambda > 0{,}5$ beginnt. Ein Optimum an Richtwirkung für Empfänger in der waagerechten Mittelebene erreicht man für Rundfunksender-Antennen mit kapazitiv belasteten Stabantennen bei $h + l_0 = \frac{5}{8}\lambda$ nach Abb. 211, wo der Abstand der Strahlungsschwerpunkte ($\mathfrak{J}_{max}$) der Antenne und des Spiegelbildes bei relativ kleiner Bauhöhe nennenswerte Größen erreicht. Gleichzeitig verringert man dabei die wegen der Schwunderscheinung (III, 4) unerwünschte Strahlung nach schräg oben (nahschwundmindernde Antennen siehe auch Abb. 230).

Der Wirkwiderstand einer Antenne

Da eine Antenne Energie ausstrahlt, muß der Wechselstrom in ihr durch eine leistungsliefernde Quelle erhalten werden, die im allgemeinen nach Abb. 206 an einem geeigneten Punkt angeschlossen wird. Zur richtigen Dimensionierung dieser Quelle muß man den Eingangswiderstand $\mathfrak{R}_A$ der Antenne an den Speisepunkten kennen. In die Antenne fließt ein Strom $\mathfrak{J}_A$, und das $\mathfrak{R}_A$ hat eine Wirkkomponente R_A und eine Blindkomponente $j\,X_A$. Das R_A verbraucht die der Antenne zugeführte Wirkleistung

$$N = \frac{1}{2} \cdot |\mathfrak{J}_A|^2 \cdot R_A \qquad (261)$$

Zu gegebenem $\mathfrak{J}_A$ kann man das Strahlungsfeld der Antenne berechnen und daraus die von der Antenne ausgestrahlte Leistung N durch Integration der Strahlungsdichte S über eine die Antenne umgebende Kugel wie in Abb. 178. Aus N und $\mathfrak{J}_A$ erhält man dann

$$R_A = \frac{2N}{|\mathfrak{J}_A|^2} \qquad (262a)$$

Die Formel soll zunächst für einen Elementardipol im freien Raum (Abb. 206 b) berechnet werden. Aus (225) und (233) folgt nach (262)

$$R_A = 80\,\pi^2 \cdot \left(\frac{\Delta}{\lambda}\right)^2 \Omega \qquad (262b)$$

wobei Δ die wirksame Antennenhöhe ist. Diese Formel ist so lange gültig, wie das zur Berechnung des N benutzte Vertikaldiagramm der Abb. 180 hinreichend genau erhalten ist, bei glatten Stäben etwa bis $h = \lambda/4$. Für den wichtigen Fall $h = \lambda/4$ ist dann angenähert nach (260) $R_A = 80\,\Omega$ unabhängig von der Stabdicke. Die genauen Werte liegen etwa bei $70\,\Omega$.

Für die Halbantenne nach Abb. 206 a ist N nur halb so groß, weil nur in die obere Raumhälfte ausgestrahlt wird, so daß R_A nur den halben Wert von (262b) hat. Ebenso wird bei Richtantennen der Wert R_A stets kleiner sein, weil zu gegebenem Antennenstrom kleinere Leistung ausgestrahlt wird, da immer nur Teile des Raumes mit Feldern erfüllt werden. Neben dem Strahlungswiderstand R_A besitzt die Antenne noch einen weiteren Wirkwiderstand, nämlich den tatsächlichen Verlustwiderstand R_V der die Antenne bildenden Leiter, der bei Antennen über der leitenden Erde nach Abb. 207 zum großen Teil auch durch den Widerstand der nicht ideal leitenden Erde gebildet wird, den der Antennenstrom $\mathfrak{J}_A$ überwinden muß. Dieser von $\mathfrak{J}_A$ durchflossene Widerstand R_V verbraucht ebenfalls Wirkleistung, die der Ausstrahlung verlorengeht. Die vom Sender gelieferte Leistung N_S verteilt sich also auf die ausgestrahlte Leistung $N = \frac{1}{2} \cdot |\mathfrak{J}_A|^2 \cdot R_A$ und die in Wärme umgesetzte Leistung $N_V = \frac{1}{2}\,|\mathfrak{J}_A|^2 \cdot R_V$. Der Wirkungsgrad der Antenne beträgt dann

$$\eta_A = \frac{N}{N_S} = \frac{R_A}{R_A + R_V} = \frac{1}{1 + \frac{R_V}{R_A}} \qquad (263)$$

Man muß also danach trachten, das Verhältnis R_V/R_A möglichst klein zu halten. Wenn R_A durch die Größe $(\Delta/\lambda)^2$ bestimmt wird, nimmt der Wirkungsgrad mit wachsender Antennenhöhe zu. Sehr niedrige Antennen haben also einen kleinen Wirkungsgrad. Da die Antennenhöhe aus baulichen Gründen begrenzt ist, macht die Aussendung sehr langer Wellen große Schwierigkeiten. Dieses ist der wesentliche Grund, weshalb man zur drahtlosen Übertragung überhaupt Hochfrequenz benötigt, denn im Prinzip fordern die Gleichungen der Antenne lediglich, daß Wechselströme in der Antenne fließen, deren Frequenz grundsätzlich beliebig niedrig sein könnte.

Der Blindwiderstand einer Antenne

Für einen kurzen Elementardipol ist wie in Abb. 188 b der Blindwiderstand durch die Serienschaltung der Drahtinduktivität und der Endkapazität gegeben. Für Antennen kleiner Höhe ist fast nur die Kapazität wirksam, so daß der komplexe Antennenwiderstand $\mathfrak{R}_A$ die Serienschaltung des R_A nach (262b) und eines kapazitiven Blindwiderstandes ist. Für eine gegebene Antenne ändert sich im $\mathfrak{R}_A$ bei abnehmendem λ das R_A proportional zu $1/\lambda^2$ und das X_A proportional zu λ (Abb. 212 unten links). Für längere Stabantennen muß man die ungleichmäßige Stromverteilung auf den Leitern nach Abb. 208 beachten. Näherungsweise betrachtet man die Antenne wieder als eine am Ende offene Leitung. Nach IV, 3 lautet dann ihr Blindwiderstand

$$jX_A = -j \cdot Z \cdot \operatorname{ctg} 2\pi h/\lambda \qquad (264)$$

wobei Z eine von der Dicke des Antennendrahtes abhängige Konstante ist. In Serie zu diesem Widerstand liegt noch der Wirkwiderstand R_A. Durch die Wirkströme wird aber die Stromverteilung auf der Antenne nicht wesentlich geändert, da die Blindströme im allgemeinen groß sind. Lediglich im Abstand $\lambda/2$ vom Antennenende, wo der Strom nach der benutzten Näherung gleich Null sein sollte, tritt der zusätzliche Wirkstrom deutlich hervor. Wenn also die Antennenlänge h in der Nähe von $\lambda/2$ liegt, wird der Strom $\mathfrak{J}_A$ im Antennenfußpunkt im wesentlichen aus den Wirkkomponenten bestehen und die Berechnung des X_A aus (264) ungenau sein. In der Umgebung des $\lambda/2$-Punkts benutzt man daher das sehr brauchbare Ersatzbild, das p a r a l l e l zu dem Blindwiderstand nach (264) ein Wirkwiderstand R_p liegend gedacht werden muß. Man muß sich darüber klar sein, daß die Verhältnisse bei einer Antenne in Wirklichkeit sehr kompliziert sind, und daß man sich mit einfachen Hilfsmitteln nur sehr grobe Bilder verschaffen kann. Abb. 212 zeigt den Verlauf des Eingangswiderstandes einer Stabantenne im freien Raum in der komplexen Widerstandsebene entweder bei konstanter Frequenz und wachsender Stablänge oder bei konstanter Stablänge und wachsender Frequenz. Für $h/\lambda < 0{,}25$ (Abb. 208 a) ist $\operatorname{ctg} 2\pi h/\lambda$ positiv und der Eingangswiderstand ist kapazitiv. Der kapazitive Blindwiderstand jX_A nimmt mit wachsendem h/λ ab. Bei kleinen Werten von h/λ ist er gleich dem Blindwiderstand der statischen Antennenkapazität, für größere h/λ jedoch kleiner wegen der Eigeninduktivität der Antenne. Annähernd für $h/\lambda = 0{,}25$ kompensieren sich Kapazität und Induktivität der Antenne so, daß der Blindwiderstand wie bei einem Serienresonanzkreis verläuft, also durch Null geht (für höhere Frequenzen, also größere h/λ, induktiv; für niedrigere Frequenzen also kleinere h/λ, kapazitiv). Für $0.25 < h/\lambda < 0{,}5$ (Abb. 208 b) ist X_A induktiv und für $0{,}5 < h/\lambda < 0{,}75$ (Abb. 208 c) kapazitiv. In der Nähe von $h/\lambda = 0{,}5$ wirkt die Antenne wie die Parallelschaltung eines größeren Wirkwiderstandes R_p und eines Parallelresonanzkreises (Abb. 212), wo im Resonanzpunkt ebenfalls die Blindkomponente verschwindet, aber mit umgekehrtem Frequenzgang wie bei der Serienresonanz der Antenne mit $h = \lambda/4$. Der Parallelwiderstand R_p ist abhängig von der Antennenform, also von der Dicke des Stabes, und wächst mit abnehmender Stabdicke. Für die üblichen Antennen liegt der „Wellenwiderstand" Z in (264) in der Größenordnung von einigen Hundert Ohm und R_p in der Größenordnung von einigen Tausend Ohm.

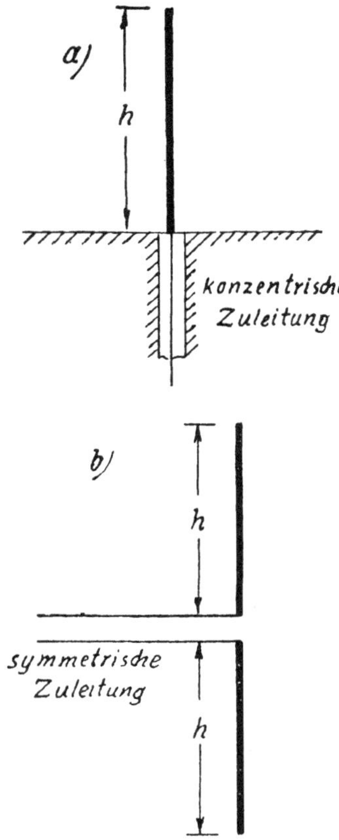

Abb 206: Unsymmetrische und symmetrische Stabantenne.

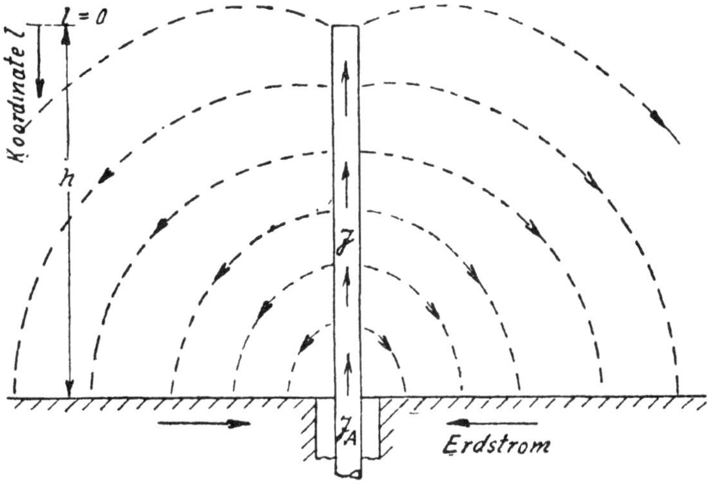

Abb. 207: Strom und Spannung einer Stabantenne mit leitender Ebene

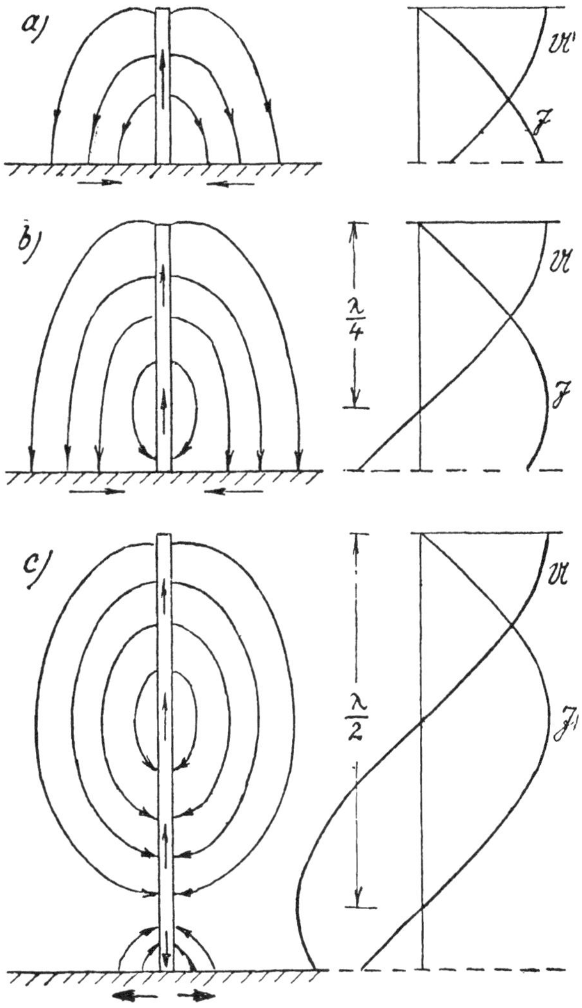

Abb. 208: Längere Stabantenne.

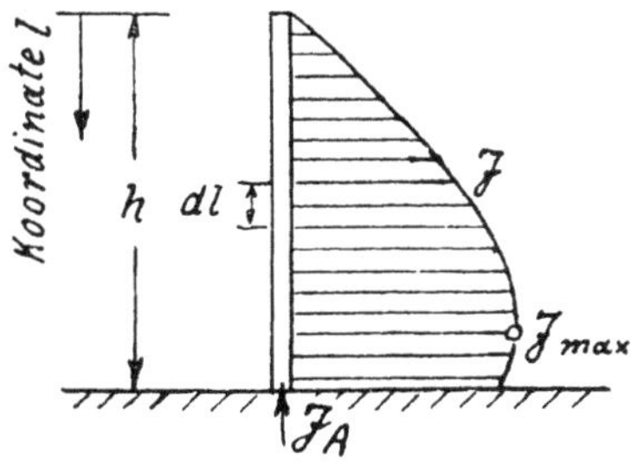

Abb. 209: Zur Bestimmung der wirksamen Höhe Δ.

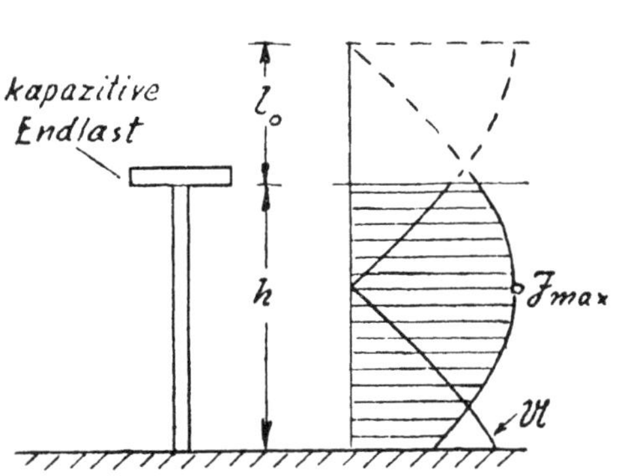

Abb. 210: Kapazitiv belastete Antenne.

Breitbandantennen

Die Antenne $\mathfrak{R}_A = R_A + jX_A$ ist ein frequenzabhängiger Verbraucher der vom Sender erzeugten Leistung. Diese Frequenzabhängigkeit kann zu Verzerrung der Modulation der ausgestrahlten Feldstärken nach II, 3 führen, wenn der Antennenwiderstand für die Seitenbänder bereits nennenswert andere Werte besitzt als für den Träger. Man muß also fordern, daß der Eingangswiderstand der Antenne im ganzen Bereich der Seitenbänder hinreichend frequenzunabhängig ist. Aber auch bei kleiner Bandbreite des modulierten Senders legt man Wert auf eine möglichst geringe Frequenzabhängigkeit des $\mathfrak{R}_A$, weil die meisten Sender einstellbare Frequenz besitzen und auf verschiedenen Frequenzen betrieben werden. Bei Frequenzwechsel macht dann die Ankopplung des Verbrauchers nach II, 1 große Schwierigkeiten, wenn sich sein Eingangswiderstand dabei wesentlich ändert. Angenehm wäre natürlich, wenn der Widerstand $\mathfrak{R}_A$ im ganzen jeweils interessierenden Frequenzbereich konstant sein könnte. Auch wenn man die Antenne (wie dies bei einfacheren Sendern, insbesondere bei sehr kurzen Wellen, üblich ist) als Verbraucher an den Schwingkreis einer selbsterregten Stufe nach II, 2 ankoppeln muß, ist dieses $\mathfrak{R}_A$ ein Bestandteil der rückkoppelnden Zwischenschaltung, also auch am Zustandekommen des Rückkopplungswiderstandes $\mathfrak{R}_K$ beteiligt. Ein $\mathfrak{R}_A$ mit starkem Frequenzgang kann dabei die Frequenzabhängigkeit des $\mathfrak{R}_K$ so beeinflussen, daß die Bedingung der Frequenzstabilität nicht mehr erfüllt ist und sich der Sender auf der gewünschten Frequenz nicht stabil erregen kann. Dies sind die Gründe, die bei sehr vielen Problemen zur Forderung eines Antennenwiderstandes mit kleiner Frequenzabhängigkeit führen. Zur Erfüllung dieser Forderung führen zwei Wege: Einmal sucht man eine Antenne mit möglichst konstantem Eingangswiderstand (Breitbandantenne), zweitens kann man dann den Frequenzgang des gegebenen $\mathfrak{R}_A$ noch durch eine Zusatzschaltung am Antennenfußpunkt verkleinern (Kompensation). Das einfachste Hilfsmittel zur Verkleinerung der Frequenzabhängigkeit des $\mathfrak{R}_A$ nach Abb. 212 ist die Verkleinerung des Wellenwiderstandes Z der Antenne. Dadurch werden einerseits die Blindkomponenten X_A kleiner, die nach (264) direkt dieser Größe proportional sind. Andererseits nimmt aber auch die Frequenzabhängigkeit des Wirkwiderstandes R_A ab, weil sein $\lambda/2$-Wert R_p etwa quadratisch von Z abhängt und daher bei Verkleinerung des Wellenwiderstandes der Anstieg vom Wert $R_A = 80\,\Omega$ für $h/\lambda = 0{,}25$ auf R_p wesentlich verringert wird. Im folgenden wird ein einfaches Beispiel einer Kompensation für eine Antenne nach Abb. 206 a gegeben, deren Länge h bei der mittleren Betriebsfrequenz (mittlere Wellenlänge λ_0) gleich $\lambda_0/4$ ist, die dort also eine Nullstelle des Blindwiderstandes und einen Wirkwiderstand $R_A = 40\,\Omega$ hat. Für kleine Änderungen $\Delta\lambda$ der Betriebswelle ändert sich R_A und X_A nach Abb. 212 annähernd linear mit $\Delta\lambda$. $\Delta\lambda$ ist die Differenz zwischen der Betriebswelle λ und der mittleren Wellenlänge λ_0 des betrachteten Bereiches:

$$\lambda = \lambda_0 + \Delta\lambda \qquad (265)$$

Die folgende Tabelle zeigt die angenommenen Werte des R_A und X_A der Antenne in Abhängigkeit von $\Delta\lambda$.

1	2	3	4	5	6	7	8	9
$\Delta\lambda$	R_A	X_A	G_A	Y_A	Y_K	$Y_A + Y_K$	R	X
$0{,}25\,\lambda_0$	35 Ω	— 25 Ω	19 mS	+ 13,5 mS	— 14,2 mS	— 0,7 mS	53 Ω	+ 1,9 Ω
$0{,}2\,\lambda_0$	36 Ω	— 20 Ω	21 mS	11,8 mS	— 11,4 mS	+ 0,4 mS	47 Ω	— 0,9 Ω
$0{,}15\,\lambda_0$	37 Ω	— 15 Ω	23 mS	9,4 mS	— 8,5 mS	+ 0,7 mS	43 Ω	— 1,3 Ω
$0{,}1\,\lambda_0$	38 Ω	— 10 Ω	25 mS	6,5 mS	— 5,7 mS	+ 0,8 mS	40 Ω	— 1,3 Ω
$0{,}05\,\lambda_0$	39 Ω	— 5 Ω	25 mS	3,2 mS	— 2,9 mS	+ 0,3 mS	40 Ω	— 0,5 Ω
0	40 Ω	0 Ω	25 mS	0 mS	0 mS	0 mS	40 Ω	0 Ω
$-0{,}05\,\lambda_0$	41 Ω	5 Ω	24 mS	— 2,8 mS	+ 2,9 mS	+ 0,1 mS	42 Ω	— 0,2 Ω
$-0{,}1\,\lambda_0$	42 Ω	10 Ω	23 mS	— 5,3 mS	5,7 mS	+ 0,4 mS	44 Ω	— 0,7 Ω
$-0{,}15\,\lambda_0$	43 Ω	15 Ω	21 mS	— 7,2 mS	8,5 mS	+ 1,3 mS	47 Ω	— 2,9 Ω
$-0{,}2\,\lambda_0$	44 Ω	20 Ω	19 mS	— 8,6 mS	11,4 mS	+ 2,8 mS	53 Ω	— 7,7 Ω

Wie im folgenden gezeigt wird, kann man den Frequenzgang einer solchen Antenne durch Parallelschalten eines Parallelresonanzkreises nach Abb. 213 verbessern, wenn der Resonanzkreis auf die mittlere Betriebswelle λ_0 abgestimmt ist und durch geeignete Wahl seines L und C einen passenden Frequenzgang seines Blindleitwertes erhalten hat. Die Parallelschaltung des $\mathfrak{R}_A$ und des Resonanzkreises berechnet man am einfachsten durch Übergang auf Leitwerte. Der Leitwert $\mathfrak{G}_A$ der Antenne lautet

$$\mathfrak{G}_A = \frac{1}{\mathfrak{R}_A} = \frac{1}{R_A + jX_A} = \frac{R_A}{R_A^2 + X_A^2} - j\frac{X_A}{R_A^2 + X_A^2} =$$

$$= G_A + jY_A \qquad (266)$$

Der Wirkleitwert $\frac{R_A}{(R_A^2 + X_A^2)}$ ist in der Spalte 4 der Tabelle zu finden. Er besitzt ein Maximum bei $\Delta\lambda = 0$, wo $X_A = 0$, also der Nenner am kleinsten ist. Spalte 5 gibt den Blindleitwert Y_A, der entgegengesetztes Vorzeichen wie der Blindwiderstand X_A hat und ebenfalls annähernd proportional zu $\Delta\lambda$ ist. Der Blindleitwert eines Parallelresonanzkreises lautet für kleine $\Delta\lambda$ ($\Delta\lambda < 0{,}1\,\lambda_0$) nach II, 1, wenn der Kreis die Resonanzwelle λ_0 hat:

$$j\,Y_K = -j\,\frac{1}{X_R}\cdot\frac{2\Delta\lambda}{\lambda_0} \qquad (267)$$

Dieser Blindleitwert ist also proportional zu $\Delta\lambda$ und hat entgegengesetztes Vorzeichen wie das Y_A nach Spalte 5. X_R ist der Blindwiderstand des L und C des Kreises bei der Resonanzfrequenz und bestimmt den Frequenzgang des Y_K. Durch geeignete Wahl des X_R kann man dem Y_K solche Werte geben, daß sie annähernd entgegengesetzt gleich den Y_A der Spalte 5 sind. Für $X_R = 35\,\Omega$ sind die Werte Y_K in Spalte 6 der Tabelle eingetragen. Dann ist der Blindleitwert $(Y_A + Y_K)$ der Parallelschaltung (Spalte 7 der Tabelle) im ganzen Bereich sehr klein geworden. Geblieben ist allerdings eine gewisse Frequenzabhängigkeit des Wirkleitwerks G_A, der bei Vernachlässigung der Verluste in dem Parallelkreis durch die Parallelschaltung nicht geändert wurde. Den endgültigen Eindruck von der Wirkung des Parallelresonanzkreises gewinnt man erst dann, wenn man den resultierenden Leitwert wieder in einen Widerstand

$$\mathfrak{R} = R + jX = \frac{1}{G_A + j\,(Y_A + Y_K)} = \frac{G_A}{G_A^2 + (Y_A + Y_K)^2} -$$

$$- j\,\frac{Y_A + Y_K}{G_A^2 + (Y_A + Y_K)^2} \qquad (268)$$

umwandelt. Die Tabelle zeigt in Spalte 8 und 9 die Wirkkomponente R und die Blindkomponente X des resultierenden Widerstandes $\mathfrak{R}$. Abb. 214 zeigt in der komplexen Ebene den Verlauf der Widerstände $\mathfrak{R}_A$ und $\mathfrak{R}$, wobei die in der Tabelle angegebenen Werte durch kleine Kreise bezeichnet sind. Die Zahlen der Punkte zeigen, wie die einzelnen Werte $\mathfrak{R}_A$ durch den Parallelkreis in die einzelnen Werte $\mathfrak{R}$ transformiert werden. Aus der nahezu geradlinigen Kurve des $\mathfrak{R}_A$ wird eine für alle Kompensationsschaltungen charakteristische Schleife, wobei die Frequenzabhängigkeit des $\mathfrak{R}$ innerhalb der Schleife wesentlich kleiner als die Frequenzabhängigkeit des $\mathfrak{R}_A$ ist.

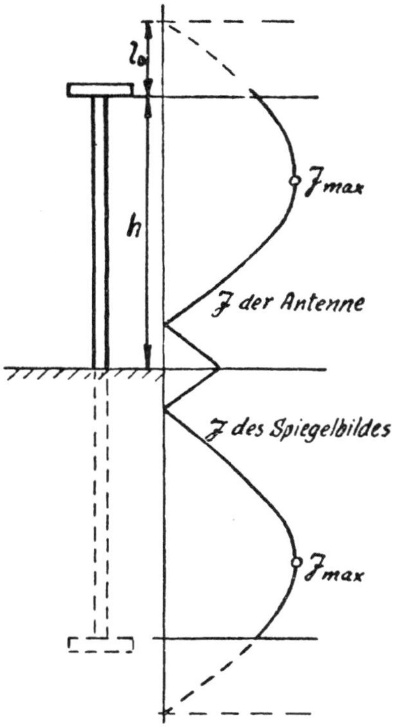

Abb. 211: Verkürzte Stabantenne mit Spiegelbild.

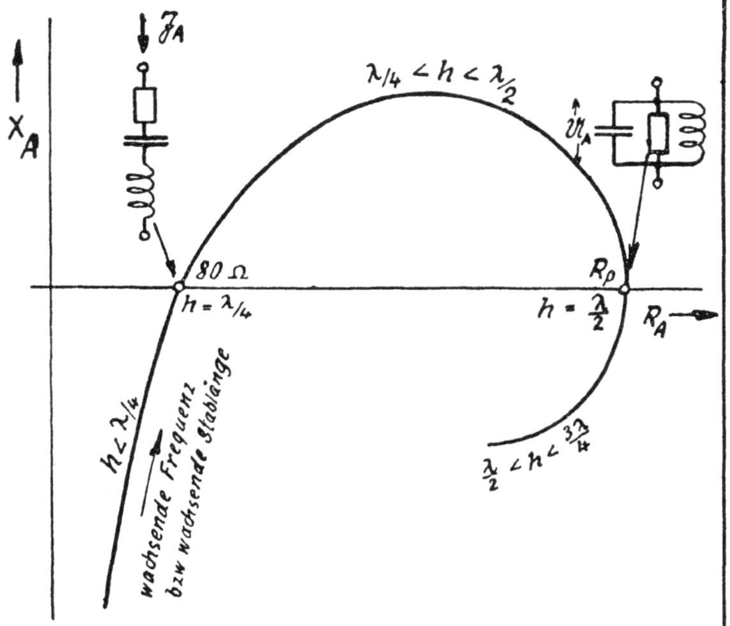

Abb. 212: Komplexer Eingangswiderstand einer Stabantenne nach Abb 206b.

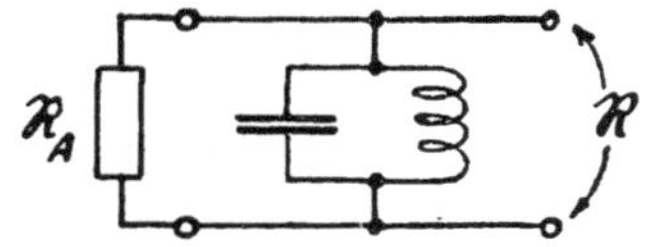

Abb. 213: Einfache Kompensationsschaltung.

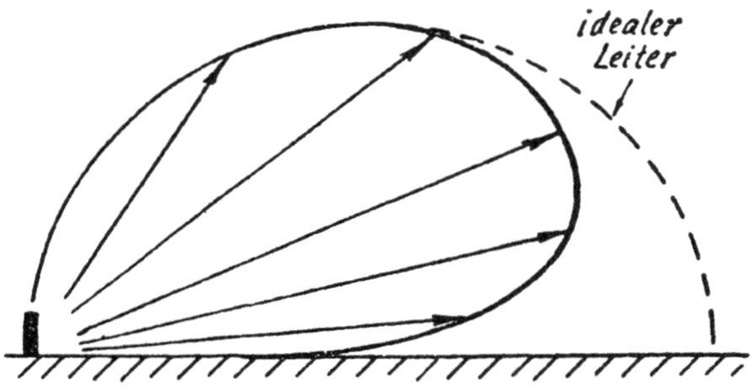

Abb. 215: Vertikaldiagramm eines kurzen Strahlers über der schlecht leitenden Erde.

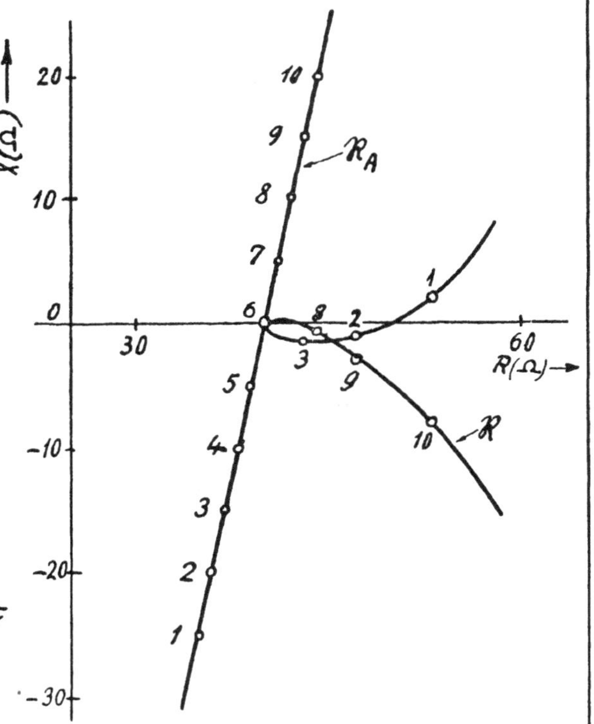

Abb. 214: Kompensationsschleife

III, 4. Die Wellenausbreitung in der Nähe der Erdoberfläche

Die Bodenwelle

Bei den Ausbreitungsformeln nach III,1 wurde angenommen, daß sich die Antenne im freien Raum oder auf der als ideal leitend und eben angenommenen Erdoberfläche befindet. Diese Betrachtungen müssen jetzt ergänzt werden durch die Störung der Ausbreitung durch die Erde, die durchaus kein idealer Leiter ist und bei Überbrückung großer Entfernungen bereits als Kugel betrachtet werden muß.

Die Erde wirkt als ein stark verlustbehaftetes Dielektrikum mit etwa folgenden Eigenschaften, die in den hier betrachteten Frequenzbereichen nicht wesentlich frequenzabhängig sind:

Material	Dielektrizitäts-konstante	Leitfähigkeit Siemens/cm
Trockene Erde	2,5	$5 \cdot 10^{-5}$
Feuchte Erde	5	$5 \cdot 10^{-4}$
Sehr feuchte Erde ...	10	$5 \cdot 10^{-3}$
Süßwasser	80	10^{-3}
Meerwasser	80	10^{-2}

Wellenbereiche:

Längstwellen:	$\lambda \approx 10\,000$ m;	f = 30 kHz
Langwellen:	$\lambda \approx 1\,500$ m;	f = 200 kHz
Mittelwellen:	$\lambda \approx 300$ m;	f = 1 MHz
Kurzwellen:	$\lambda \approx 50$ m;	f = 6 MHz
Ultrakurzwellen:	$\lambda \approx 5$ m;	f = 60 MHz
Dezimeterwellen:	$\lambda \approx 50$ cm;	f = 600 MHz
Zentimeterwellen:	$\lambda \approx 5$ cm;	f = 6000 MHz

Bei den hier interessierenden längeren Wellen sind die Wirkströme in der Erde großer als die Verschiebungsströme, so daß die dielektrische Leitfähigkeit meist vernachläßigt werden kann. Die Erde wirkt also als schlechter Leiter. Es dringen gedämpfte Wellen in die Erde oder in das Wasser ein und sinken wie beim Skineffekt mit wachsender Tiefe exponentiell schnell ab. Je länger die Welle, desto größer die Eindringtiefe, die in der Großenordnung von einigen Metern liegt. Bei diesem Absorptionsprozeß wird Leistung verbraucht, so daß die Feldstärke der sich ausbreitenden Welle schneller abnimmt als nach III,2 über einer idealen leitenden Ebene. Diese Abnahme betrifft in besonderem Maße die Feldstärken in Bodennahe, während die Ausstrahlung schräg nach oben wesentlich weniger beeinflußt wird. Aus dem Kreis des Vertikaldiagramms der Abb. 180 wird ein Diagramm nach Abb. 215. Eine erhöhte Aufstellung des Empfängers kann also die Empfangsfeldstärke wesentlich erhöhen, insbesondere bei der hohen Erddämpfung sehr kurzer Wellen. Bei $\lambda = 7$ m ergibt z. B. eine Aufstellung des Empfängers in 100 m Höhe eine Erhöhung der Feldstärke um den Faktor 10 gegenüber dem Erdboden. Den gleichen Effekt erzielt man, wenn man den Sender erhöht aufstellt und den Empfänger am Boden läßt. Wenn man Sender und Empfänger erhöht aufstellt, vervielfacht sich die Verbesserung des Empfangs. Sehr wesentlich ist es, daß der Erdboden in unmittelbarer Nähe der Antenne, wo nach Abb. 207 sehr große Erdströme fließen, ein guter Leiter ist, damit die Nutzleistung nicht bereits am Speisepunkt der Antenne im Erdwiderstand verbraucht wird. In einem gewissen Umkreis werden daher an der Erdoberfläche radiale Kupferdrähte in Richtung zum Speisepunkt verlegt und an den Außenleiter des Speisekabels angeschlossen, die die radialen Erdströme aufnehmen. Die Dämpfung der Welle durch den Erdboden nimmt mit wachsender Frequenz sehr schnell zu. Die Abb. 216 und 217 geben das Absinken der Feldstärke durch Erdverluste unter Berücksichtigung der Erdkrümmung für verschiedene Wellenlängen an, wobei Sender und Empfänger am Boden stehen und örtliche Zufälligkeiten der unmittelbaren Umgebung des Empfängers außer Acht gelassen werden. Vergleichsweise ist gestrichelt eingezeichnet der Abfall der Feldstärke über einer leitenden Ebene nach (235). Sehr lange Wellen werden demnach durch die Erdverluste nur wenig geschwächt und haben eine große Reichweite, so daß sie für Übertragungen auf große Entfernung besonders geeignet sind. Mit abnehmender Wellenlänge nimmt die Dämpfung der Wellen durch die Erde erheblich zu, und zwar bei Ausbreitung über Wasser weniger als über Land. Vergleichsweise ist die theoretische Ausbreitung über einer leitenden Ebene unabhängig von der Frequenz. Die Langwellen-Rundfunksender ($\lambda \approx 1500$ m) besitzen brauchbare Reichweiten von etwa 1000 km, können also zur Versorgung eines ganzen Landes benutzt werden. Die Mittelwellen-Rundfunksender ($\lambda \approx 300$ m) überstreichen dagegen nur Bereiche von einigen hundert Kilometern. Die Kurzwellen ($\lambda \approx 50$ m) haben nur geringe Reichweite und sind nur unter Ausnutzung der später beschriebenen Raumwelle im Fernverkehr geeignet. Die Ultrakurzwellen ($\lambda \approx 5$ m) dienen zum Nahverkehr, wobei man im allgemeinen Richtantennen und erhöhte Aufstellung des Senders und des Empfängers vorsehen wird. Im Nahverkehr werden örtliche Zufälligkeiten eine entscheidende Rolle spielen, z. B. Hügel, Gebäude usw. Lediglich bei Verwendung scharf bündelnder Richtantennen zwischen erhöhten Standorten, wo das ausgesendete Strahlenbündel die Erde nicht berührt, wird man die ideale Ausbreitung nach (235) antreffen.

Die Ionosphäre

Neben der dämpfenden Wirkung der schlecht leitenden Erde tritt eine weitere Beeinflussung der Ausstrahlung dadurch ein, daß auch die Atmosphäre kein ideales, verlustfreies Dielektrikum ist. Die mit der Höhe abnehmende Luftdichte erzeugt eine abnehmende Dielektrizitätskonstante, wodurch eine Krümmung der Strahlen zur Erde hin erzeugt wird, wie sie auch für die von der Sonne kommenden Lichtstrahlen bekannt ist und besonders wirksam wird, wenn die Strahlen in der Nähe des Horizonts verlaufen (Abb. 228). Die wesentliche Störung der Homogenität der Atmosphäre entsteht jedoch dadurch, daß von der Sonne ausgesandte ultraviolette und korpuskulare Strahlungen beim Eindringen in die Lufthülle der Erde die Gasmoleküle ionisieren und dadurch gewisse Teile der Atmosphäre mit Trägern elektrischer Ladung anfüllen. Dadurch ändert sich die Dielektrizitätskonstante des Gases erheblich und es entsteht ein Verlustfaktor durch Leitfähigkeit. In den so veränderten Bereichen der Atmosphäre treten Änderungen der Ausbreitungsrichtung der Wellen ein, die den Vorgängen der Brechung und Reflexion optischer Wellen ähnlich sind. Zunächst soll an einem vereinfachten Beispiel gezeigt werden, daß sich die Ionisation der Luftmoleküle vorzugsweise auf bestimmte Höhen konzentriert, so daß man von einer Bildung ionisierter Schichten sprechen kann. Es sei angenommen, daß die Lufthülle aus einem einheitlichen Gas bestehe, dessen Dichte ϱ mit wachsender Höhe h nach dem bekannten Gesetz $\varrho = \varrho_0 \cdot e^{-k_1 h}$ abnimmt. ϱ_0 ist dabei die Dichte am Erdboden (h = 0). Aus dem Außenraum ($h = \infty$) falle von der Sonne her eine Strahlung mit der Strahlungsdichte S_0 ein. Sie wird beim Eindringen in die Luft durch Absorption geschwächt und die abnehmende Strahlungsdichte S ist eine Funktion der Höhe h. Um die Funktion S zu finden, betrachtet man nach Abb. 218 in der Höhe h eine Luftschicht der Dicke dh. Die Strahlung soll mit der Intensität S in die Schicht senkrecht eintreten und verliert in der Schicht die Intensität dS. Dieser Absorptionsverlust ist proportional zur Dichte ϱ der Luft in der Schicht, zur Intensität S der einfallenden Strahlung und zur Länge dh des von dem einfallenden Strahlenbündel in dieser Schicht zurückgelegten Weges. Es ist daher

$$dS = A \cdot S \cdot \varrho \cdot dh \tag{269}$$

wobei die Konstante A der Absorptionskoeffizient des betreffenden Gases für die betreffende Strahlung ist. Wenn man für die Dichte ϱ die obengenannte Funktion einsetzt, erhält man aus (269) eine Differentialgleichung für S, die man nach dem Verfahren der Trennung der Variablen löst:

$$\frac{1}{S} \cdot \frac{dS}{dh} = \frac{d}{dh}(\ln S) = A \cdot \varrho_0 \cdot e^{-k_1 \cdot h}$$

mit der Lösung

$$\ln S = -A \cdot \frac{\varrho_0}{k_1} \cdot e^{-k_1 \cdot h} + K \tag{270}$$

wobei K eine durch die Differentialgleichung nicht näher festgelegte, beliebige Konstante ist. Sie ergibt sich daraus,

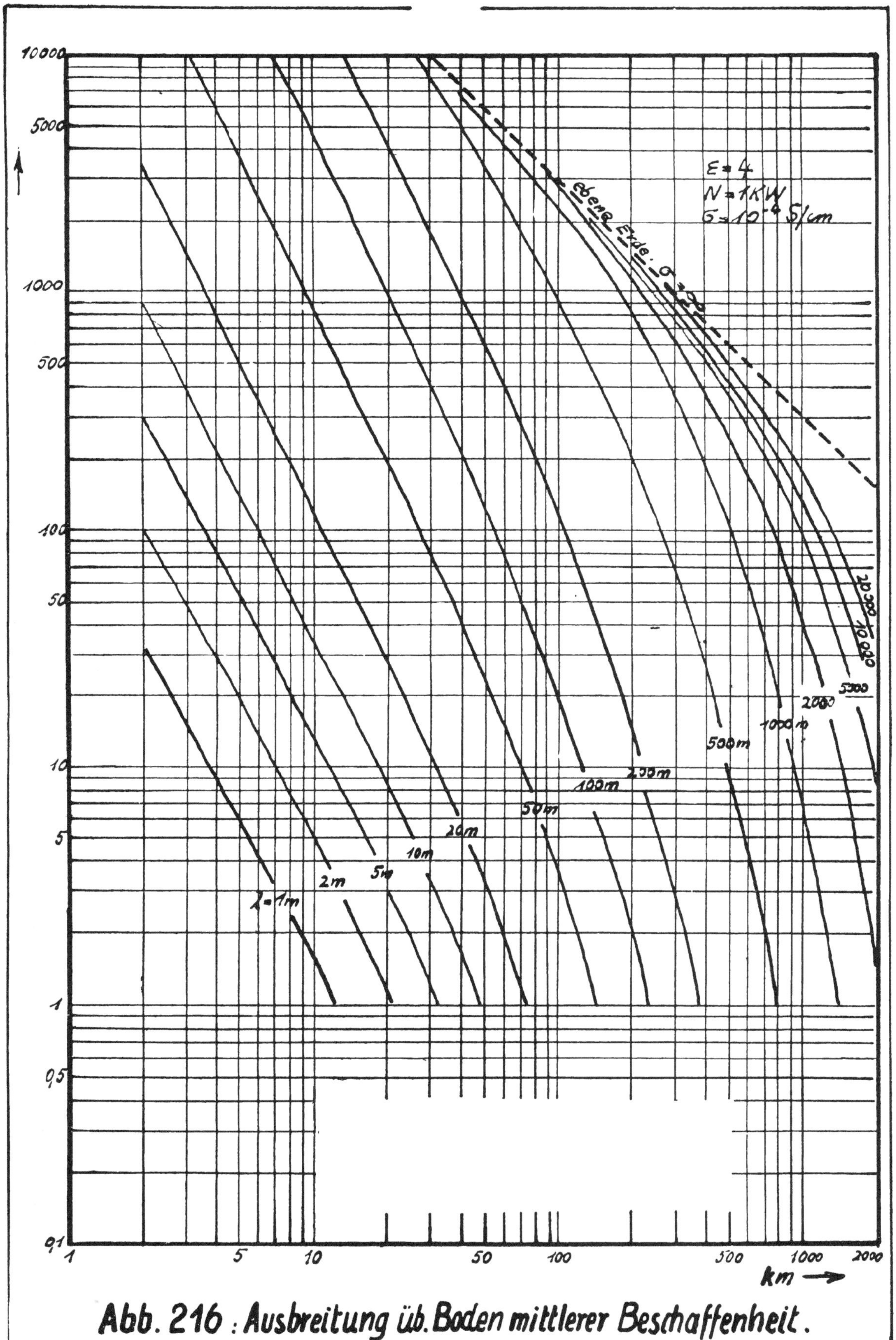

Abb. 216 : Ausbreitung üb. Boden mittlerer Beschaffenheit.

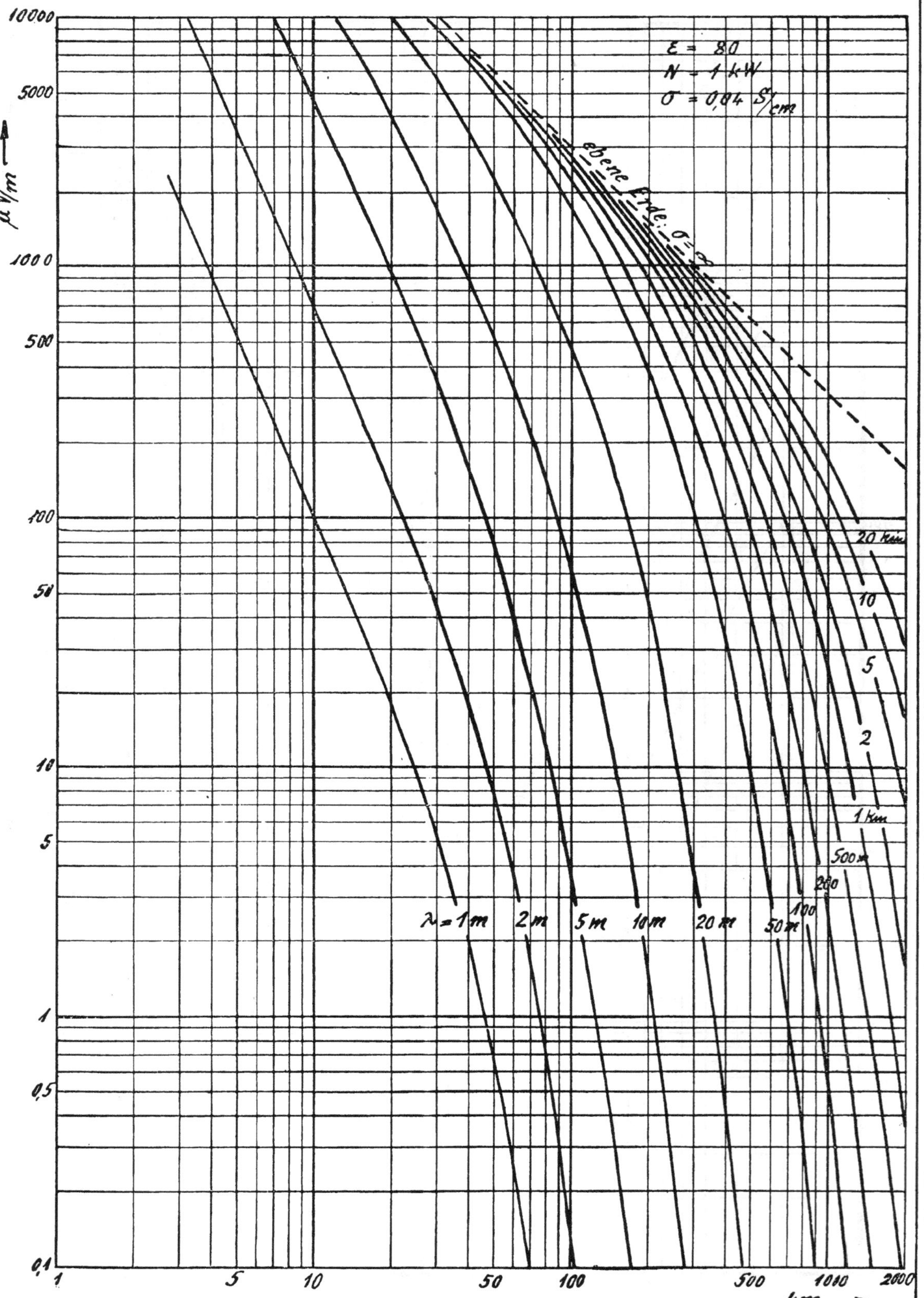

Abb. 217: Ausbreitung über Meerwasser.

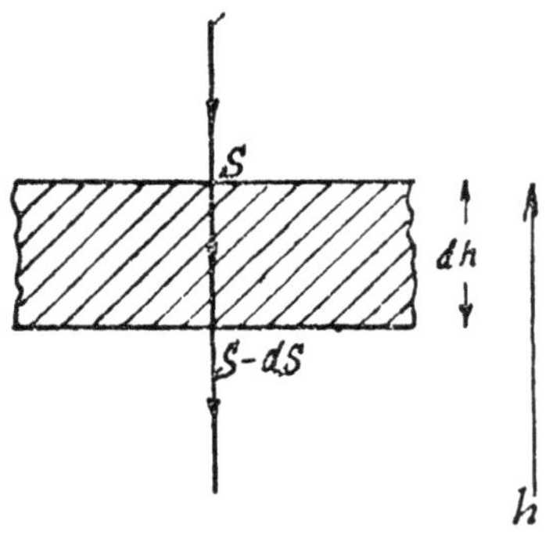

Abb. 218: Zur Absorption.

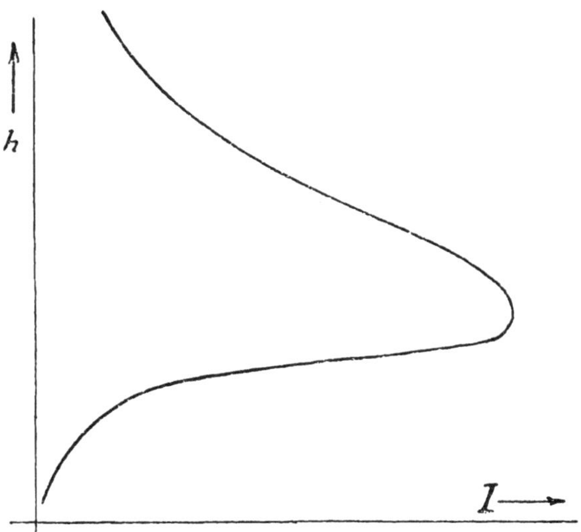

Abb. 219: Jonisationsdichte als Funktion der Höhe für einheitliches Gas.

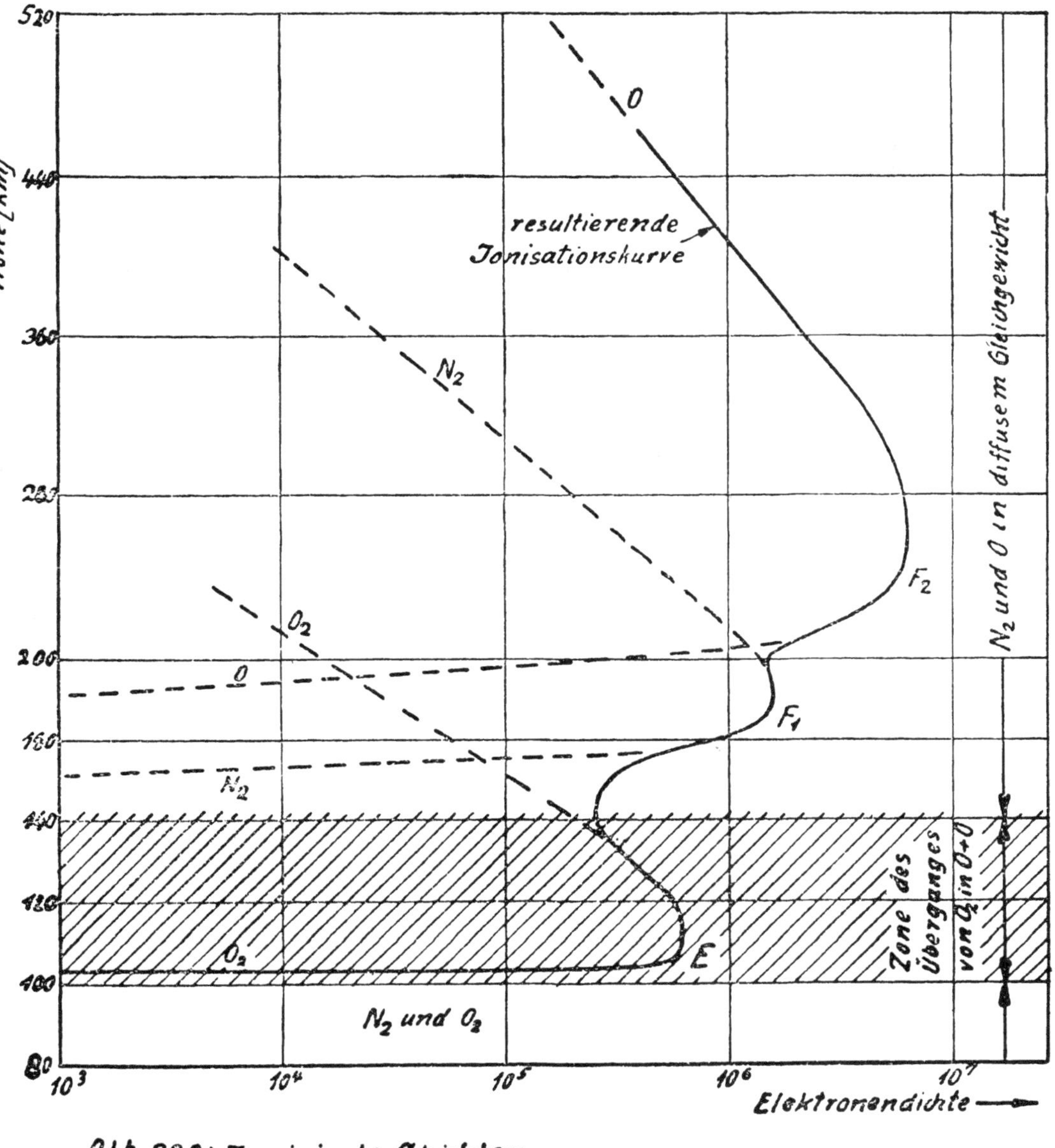

Abb. 220: Jonisierte Schichten

daß S für $h = \infty$ gleich der von der Sonne kommenden Intensität S_0 der Strahlung sein muß. Aus (270) folgt dann für $h = \infty$ $K = \ln S_0$ und es wird

$$S = S_0 \cdot e^{-\left[A \cdot \frac{\varrho_0}{k_1} \cdot e^{-k_1 \cdot h}\right]} \qquad (271)$$

für die Abnahme der Strahlungsintensität beim Eindringen in die Gashülle. Die Zahl I der pro sec. im cm^3 entstehenden Ionen ist proportional zu der an dieser Stelle vorhandenen Intensität S und zur Zahl der anwesenden Moleküle, also proportional zu ϱ:

$$I = k_2 \cdot S \cdot \varrho = k_2 \cdot S_0 \cdot \varrho_0 \cdot e^{-\left(k_1 \cdot h + A \cdot \frac{\varrho_0}{k_1} \cdot e^{-k_1 \cdot h}\right)} \qquad (272)$$

wobei k_2 die den betreffenden Vorgang quantitativ beschreibende Naturkonstante ist. Der Neubildung von Ionen entgegen wirkt die sogenannte „Rekombination", d. h. die Wiedervereinigung der Ladungsträger zu neutralen Molekülen. Mit einsetzender Strahlung beginnt also eine langsame Zunahme der Ladungsträger, bis sich ein stationärer Zustand gebildet hat, wo die Zahl der neugebildeten Ionen und die Zahl der im gleichen Zeitraum durch Rekombination verlorengehenden gleich ist. Nach Aufhören der Strahlung nimmt die Zahl der Ionen langsam wieder ab. Wesentlich ist der stationäre Zustand, wo die Zahl der im cm^3 befindlichen Ionen annähernd der Zahl I der neugebildeten Ionen nach (272) proportional ist. Abb. 219 gibt einen typischen Verlauf der Funktion I nach (272). Man sieht, daß eine nennenswerte Ionenzahl nur in einem relativ kleinen Bereich von h entsteht, so daß man sagen kann, daß dort eine Schicht von Ladungsträgern entstanden ist, deren Dichte nach oben und unten schnell abnimmt, und zwar nach unten außerordentlich schnell, so daß die der Erde zugekehrte Unterseite tatsächlich den Eindruck einer ausgeprägten Schichtgrenze hervorruft. Dies Maximum der Ionisation entsteht dadurch, daß I aus zwei Faktoren S und ϱ besteht, von denen das S mit abnehmendem h sinkt (und zwar in den dichteren Luftschichten sehr schnell), während das ϱ mit abnehmendem h ansteigt. Das Gegeneinander der beiden Faktoren führt dann zur Bildung des Maximums. Dieser Ladungsverlauf tritt in der Atmosphäre tatsächlich auf mit der einzigen Abänderung, daß dort **mehrere** Schichten entstehen können, weil die Atmosphäre kein einheitliches Gas ist. Man betrachtet im allgemeinen drei Schichten, deren Ladungsverteilung Abb. 220 in groben Zügen zeigt. In etwa 100 km Höhe bildet sich die E-Schicht, die der Ionisation der Sauerstoff-Moleküle (O_2) zugeschrieben wird. Darüber entsteht in etwa 200 km Höhe die F_1-Schicht, die durch Ionisation der Stickstoff-Moleküle (N_2) erklärt wird. Darüber liegt die F_2-Schicht, die die größte Ladungsdichte von etwa 10^7 Elektronen pro cm^3 besitzt und der Ionisation einatomiger Sauerstoffmoleküle (0) zugeschrieben wird, die man in diesen Höhen vermutet. Grundsätzlich sind aber unsere Kenntnisse über die Vorgänge in den höchsten Bereichen unserer Atmosphäre noch nicht vollständig gesichert.

Der Weg der elektromagnetischen Wellen durch eine ionisierte Schicht

Die im Gas vorhandenen Ladungen wirken so, als ob das Gas eine Dielektrizitätskonstante ε kleiner als 1 und einen Verlustwinkel besitzt. Diese Verringerung der Dielektrizitätskonstante ist proportional zur Zahl n der Ladungsträger im cm^3 und wird mit wachsender Frequenz f immer weniger wirksam. Angenähert verläuft ε nach der Funktion

$$\varepsilon = 1 - K \cdot \frac{n}{f^2} \qquad (273)$$

wobei K eine nicht näher interessierende Konstante ist. Man darf sich die von der Antenne ausgestrahlte Welle als eine Gesamtheit kleiner Strahlenbündel vorstellen, die die Antenne in den verschiedenen Raumrichtungen mit einer dem Antennendiagramm entsprechenden Strahlungsdichte verlassen und nach den Gesetzen der geometrischen Optik durch diese Schicht mit stetig verändertem Brechungsindex hindurchlaufen. Der Brechungsindex der geometrischen Optik ist gleich $\sqrt{\varepsilon}$. Er ist nach (273) also kleiner als 1 und der einfallende Strahl, der von unten in die Schicht eindringt, findet einen mit wachsender Höhe wegen der zunehmenden Ladungsdichte (Abb. 219) abnehmenden Brechungsindex vor, wird also vom Einfallslot fortgebrochen. Abb. 221 zeigt schematisch den Weg dieser Strahlenbündel in der E-Schicht. In der Ebene maximaler Ionenkonzentration erreicht $\sqrt{\varepsilon}$ seinen kleinsten Wert und nimmt dann mit wachsender Höhe asymptotisch bis zum Wert 1 wieder zu. Sehr steil einfallende Strahlen (8 und 9 in Abb. 221) erreichen im Ionenmaximum ihre flachsten Winkel, richten sich dann wieder auf und laufen in den freien Raum weiter. Bei bestimmter Strahlrichtung (7) wird der Strahl so abgelenkt, daß er in der Ebene maximaler Ladungsdichte genau waagerecht läuft. Dann verbleibt er in dieser Ebene und verliert seine Strahlungsdichte durch die Dämpfung in der Schicht. Kleine Schwankungen der Ladungsdichte werden diesen Strahl dann irgendwo in großer Entfernung nach oben oder unten aus der Schicht austreten lassen. Wenn die einfallenden Strahlen (4 bis 6) immer flacher werden, kehren sie bereits in Ebenen um, die unterhalb des Ionisationsmaximums liegen. Je flacher die Strahlen einfallen, desto niedriger liegt ihre Umkehrebene, desto näher liegt der Rückkehrpunkt der Strahlen zur Erdoberfläche am Sender. Es gibt eine Strahlrichtung (4), die den dem Sender am nächsten liegenden Punkt festlegt. Alle noch flacheren Strahlen (1 bis 3) geben wieder Auftreffpunkte in größerer Entfernung. Zwischen dem Nahfeld des Senders nach Abb. 216 und 217 und den von der „Raumwelle" getroffenen Bereichen der Erdoberfläche liegt bei den kurzen Wellen (kleinem Nahfeld) eine tote Zone, in der kein Empfang möglich ist. Die unter flachem Winkel auf die Erdoberfläche auftretenden Strahlen werden an der Erde wieder reflektiert und treten nochmals den Weg in die Ionensphäre an. So können sie auch sehr ferne Empfangsorte auf den verschiedensten Zickzackwegen erreichen (Abb. 225).

Ionisationsdichte und Schichthöhe

Die Reflexionseigenschaften der Ionensphäre, die zeitlich und örtlich veränderlich sind, werden an verschiedenen Beobachtungsstationen laufend kontrolliert. Zu diesem Zweck sendet man eine Folge kurzer Sendeimpulse senkrecht nach oben und empfängt den an der Ionosphäre reflektierten Impuls in einem Empfänger, der neben dem Sender steht. Man mißt die Zeit zwischen dem Aussenden und der Rückkehr des Impulses, die einen unmittelbaren Zusammenhang mit der Höhe der reflektierenden Schicht über dem Erdboden hat. Senkrecht in die ionisierte Schicht eindringende Wellen werden in derjenigen Ebene reflektiert, wo der Brechungsindex $\sqrt{\varepsilon}$ nach (273) gleich Null wird. Dazu sind höhere Ladungsdichten oder niedrigere Frequenzen erforderlich als in dem in Abb. 221 dargestellten Fall. Je kleiner die Ladungsdichte, desto tiefer dringt die Welle in die Schicht ein. Zu beachten ist, daß die Ausbreitungsgeschwindigkeit der Welle innerhalb der Schicht kleiner als die Lichtgeschwindigkeit ist. Wenn man die Höhe der reflektierenden Ebene aus der Laufzeit des Impulses berechnen will, muß man diese veränderte Geschwindigkeit berücksichtigen. Abb. 221 gibt auch ein ungefähres Bild von der Laufzeit der Wellen innerhalb der Schicht, die auch bei senkrechtem Einfall nicht viel anders aussehen wird als bei schrägem Einfall. Je mehr die Wellen in die Zone des Ionisationsmaximums eindringen, desto ausgeprägter wird die Verzögerung. Eingehende Auskunft über eine solche Schicht erhält man, wenn man die Frequenz des Impulssenders und des zugehörigen Empfängers in einem größeren Bereich stetig verändert und die Laufzeit des Impulses in Abhängigkeit von der Frequenz mißt (Durchdrehaufnahmen). Man erhält dann für eine Schicht den in Abb. 222 dargestellten charakteristischen Verlauf. Es gibt stets eine höchste Frequenz, die sog. Grenzfrequenz f_{gr} der Schicht, bei der die Reflexion aufhört. Dies ist die Frequenz, bei der die Reflexion im Ionisationsmaximum stattfindet. Wenn n_{max} die maximale Teilchendichte der Schicht ist, wird für die Frequenz f_{gr} gerade noch der zur Reflexion erforderliche Wert $\varepsilon = 0$ erreicht. Nach (273) ist dann

$$1 - K \cdot n_{max}/f_{gr}^2 = 0$$

oder:

$$f_{gr} = \sqrt{K \cdot n_{max}} \qquad (274)$$

Aus der Grenzfrequenz ergibt sich also sofort die maximale Ladungsdichte der Schicht. Die Laufzeit des Impulses der Grenzfrequenz ist sehr groß (Abb. 222). Für tiefere Frequenzen ergeben sich stetig abnehmende Laufzeiten, was teils

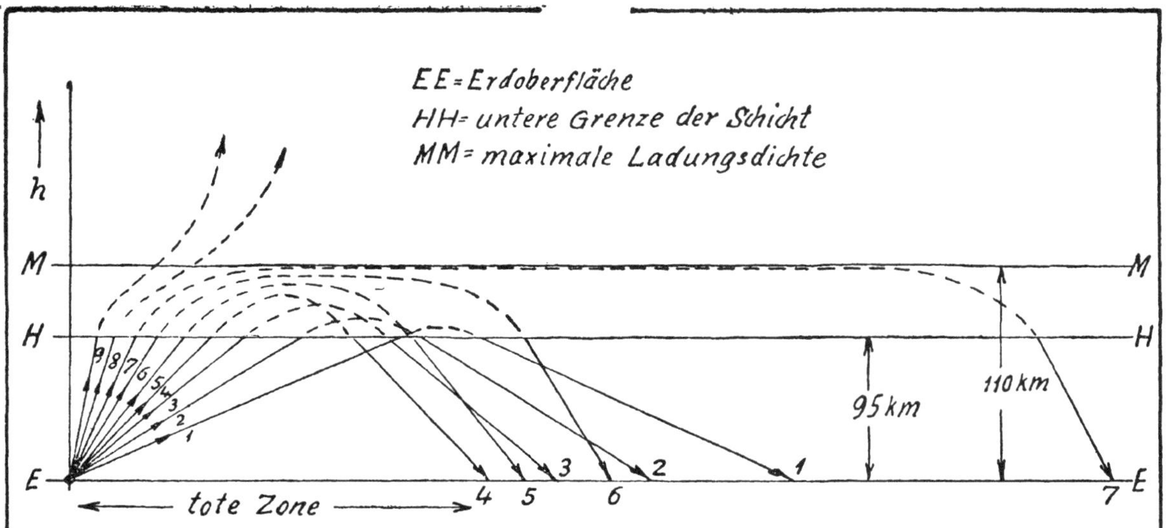

Abb. 221: Schematische Darstellung des Strahlenganges bei der Reflexion kurzer Wellen in der Jonosphäre.

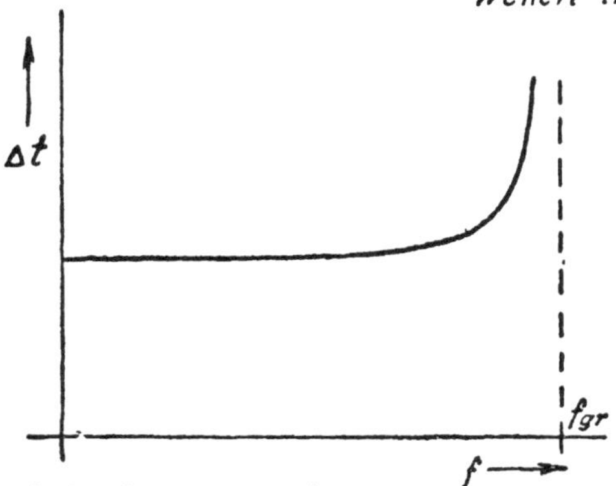

Abb. 222: Laufzeit Δt eines an der Jonosphäre reflektierten Impulses.

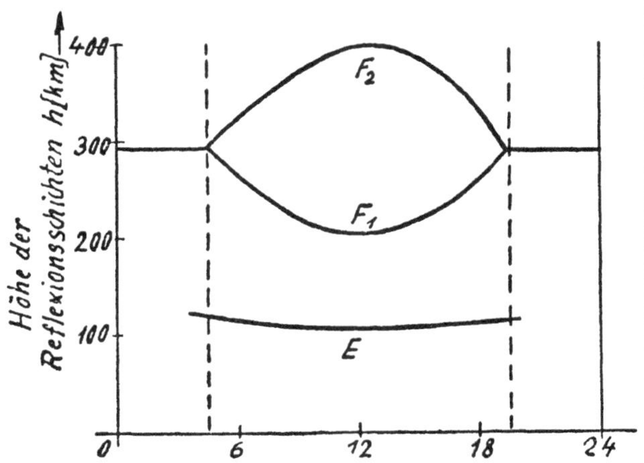

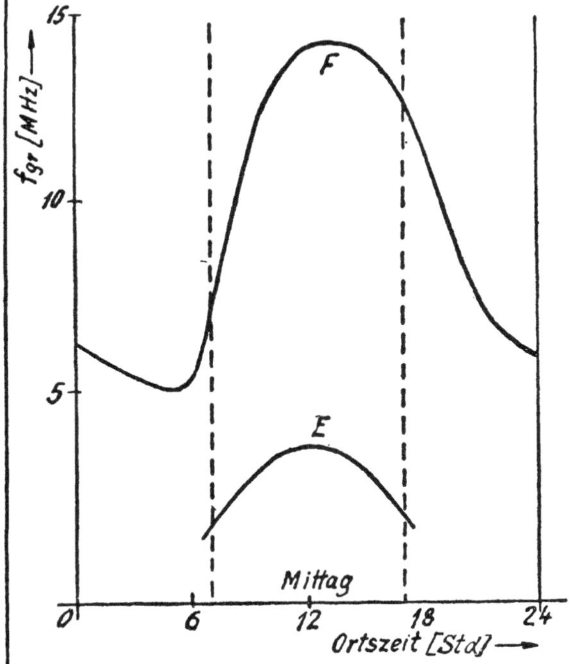

Abb. 223: Grenzfrequenzen an einem Wintertag.

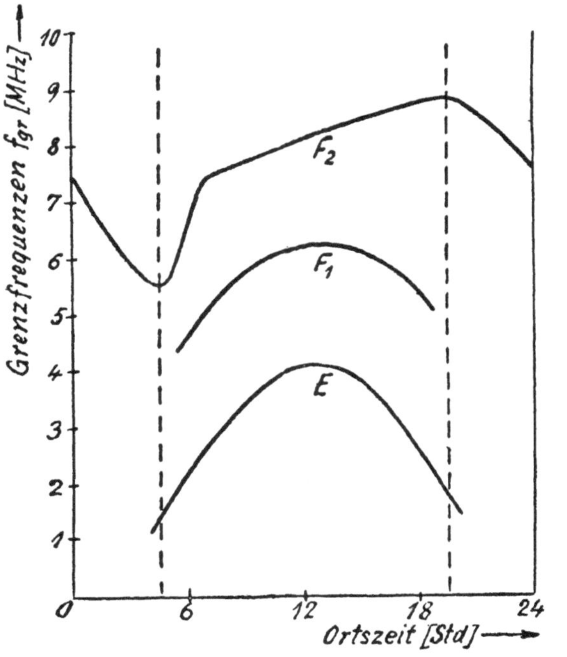

Abb. 224: Jonosphäre an einem Sommertag.

durch die abnehmende Höhe der reflektierenden Schicht (kleinere Ladungsdichte reicht aus), teils durch die geringere Verzögerung in der Schicht zu erklären ist. Aus einer Messung nach Abb. 222 kann man die Verteilung der Ladungsdichte in Abhängigkeit von der Höhe unterhalb der Ebene maximaler Ladung berechnen (Abb. 219).
Man unterscheidet tägliche und jahreszeitliche, systematische Veränderungen der Schichten, die im folgenden näher erörtert werden. Daneben treten örtlich und zeitlich begrenzte Störungen auf. Das einfachste Verhalten zeigen die Wintermonate. Abb. 223 gibt für einen Wintertag den Verlauf der Grenzfrequenz, also der maximalen Ladungsdichte. Festgestellt wird eine E-Schicht in etwa 100 km Höhe und eine F-Schicht in etwa 250 km Höhe. Die Stärke der Ionisation, die in der F-Schicht grundsätzlich größer ist als in der E-Schicht, nimmt mit wachsender Dauer der Sonneneinstrahlung zu, mit sinkender Sonne bereits wieder ab, was sich während der Nacht fortsetzt, so daß am frühen Morgen ein Minimum eintritt. Der Sommertag, der in Abb. 224 dargestellt ist, zeigt als zusätzliche Erscheinung die Aufspaltung der F-Schicht während des Tages, wobei die F_2-Schicht wesentlich größere Höhen erreicht und nach Abb. 220 durch eine langsame Diffusion einatomiger 0-Moleküle erklärt wird, die in tieferen Schichten aus 0_2-Molekülen unter der Einwirkung des Sonnenlichts entstehen, infolge ihres geringeren Molekulargewichts nach oben steigen und ein neues Ladungsmaximum bilden. Die Ladungsdichte der F_2-Schicht zeigt in Abb. 224 auch nicht das regelmäßige Ansteigen und Absinken mit dem Sonnenstand wie die anderen Schichten. Man nimmt an, daß die wachsende Zahl der Ladungsträger gegen Mittag durch eine gleichzeitige thermische Ausdehnung der Luftschichten soweit kompensiert wird, daß eine annähernd konstante Ladungsdichte bestehen bleibt. Neben diesen regelmäßigen Schichten gibt es noch räumlich begrenzte und nur zeitweise vorhandene tiefere Schichten, von denen die D-Schicht in etwa 50 km Höhe am Tage relativ häufig auftritt. Die Ionisationsdichte ist in ihr im allgemeinen so klein, daß sie nicht zur Reflexion ausreicht, sondern nur als dämpfende Zone auf dem Wege der Wellen wirksam wird. Im Zusammenhang mit ungewöhnlich kräftiger Emission von korpuskularer oder ultravioletter Strahlung seitens der Sonne können erhebliche Störungen auftreten, die die Fernausbreitung wesentlich verbessern oder verschlechtern. Zur Sicherung des Fernverkehrs besteht daher eine ausgedehnte Organisation, die das Verhalten der Sonne und der Ionosphäre studiert und Auskunft über die zweckmäßige Verwendung der einzelnen Wellenlängen im Fernverkehr gibt.

Die Raumwelle in den verschiedenen Frequenzbereichen

Sehr lange Wellen werden von der E-Schicht reflektiert. Die Dämpfung der Wellen durch die Ionisation ist bei Nacht kleiner als bei Tag und im Winter kleiner als im Sommer. Gewisse Schwankungen der Eigenschaften der Ionosphäre führen stets zu Schwankungen in der Wellenfortleitung. Die Dämpfung nimmt mit wachsender Frequenz zu, so daß die Mittelwellen am Tage praktisch keine Raumwelle besitzen. Für Frequenzen unterhalb der kritischen Frequenz werden keine Wellen wie in Abb. 221 durch die Schicht gehen, sondern alle gut reflektiert werden. Man erhält also auch steilere Einfallwinkel und die in Abb. 221 dargestellte tote Zone fällt fort. Für Frequenzen höher als die kritische Frequenz tritt der in Abb. 221 dargestellte Zustand ein, daß flacher auftreffende Wellen reflektiert werden. Im Kurzwellengebiet benutzt man zur Reflexion fast ausschließlich die F_2-Schicht, die die größte Ionisation aufweist (Abb. 220). Je größer der Abstand der Empfangsstation, desto flacher werden die benutzten Strahlen (Abb. 225), desto höher können die Frequenzen liegen. Abb. 226 zeigt für die Ionisation der Abb. 224 die maximale Frequenz für schrägen Einfall in Abhängigkeit von der Entfernung des Empfangsortes. Für noch größere Entfernungen ist ein Empfang nur mit Hilfe von Mehrfachreflexionen möglich, wo die aus der Ionosphäre kommende Welle wieder am Erdboden reflektiert wird und weiter läuft. Eine Transozeanverbindung kann drei bis sechs vollständige Reflexionen erleiden. Es gilt die Regel, daß man kleinste Dämpfung jeweils bei der höchst möglichen Frequenz findet, wobei man jedoch aus Sicherheitsgründen etwas unter der höchsten Frequenz bleibt, um bei Schwankungen der Ionisationsdichte möglichst wenig Störungen zu erleiden.

III. 5. Der Empfang elektromagnetischer Wellen

Elementardipol als Empfangsantenne

Ein Elementardipol ist nach Abb. 169 ein kurzer Draht, der Länge Δ, der an den Enden so stark kapazitiv belastet ist, daß auf ihm nach Abb. 210 nur die unmittelbare Umgebung des Maximums der sin-förmigen Stromverteilung nachgeblieben ist, so daß er als Sendeantenne von einem längs des Drahtes konstanten Strom durchflossen wird. Dies bedeutet, daß dann von diesem Draht selbst keine nennenswerten Verschiebungsströme (vgl. Abb. 207) ausgehen, die ja die ungleiche Stromstärke verursachen. Alle Verschiebungsströme verlaufen also zwischen den Leitern, die die kapazitive Endbelastung darstellen und auf engem Raum (klein gegen die Wellenlänge) konzentriert gedacht sind. Dieser Pol als Empfangsantenne hat zwei Anschlußklemmen nach Abb. 206 b, an die der Empfänger als Verbraucher angeschlossen wird. Bringt man diese Antenne in das Feld einer elektromagnetischen Welle, so wirkt sie in ihren Anschlußklemmen als eine Spannungsquelle, deren Innenwiderstand und Leerlaufspannung ihr Verhalten beschreiben. Um die Leerlaufspannung zu berechnen, wird an die Anschlußklemmen kein Verbraucher gelegt, so daß in dem Antennendraht kein Strom fließen kann. Dann stört diese Antenne das Feld der ankommenden Welle praktisch nicht. Die elektrische Feldstärke der Welle erzeugt zwischen den die kapazitive Belastung darstellenden Endgebilden des Antennendrahtes eine Spannung, die gleich dem Produkt der elektrischen Feldstärke $\mathfrak{E}$ und dem Abstand dieser beiden Gebilde in Richtung der elektrischen Feldlinien ist. Wenn Δ' nach Abb. 227 der Abstand der Endgebilde, also die Länge der Antenne ist, ist der Abstand Δ in Richtung der elektrischen Feldlinien gleich der Projektion der Antenne auf diese Feldlinie, also $\Delta = \Delta' \cdot \cos \Psi \cdot \sin X$, wobei Ψ nach Abb. 227 die seitliche Neigung der Antenne gegen die Feldlinie und X der Winkel zwischen dem Stab und der Welle ist. Die Spannung zwischen den Endgebilden bei stromlosem Antennendraht, die gleich der gesuchten Leerlaufspannung zwischen den Anschlußklemmen ist, beträgt also

$$\mathfrak{U}_l = \mathfrak{E} \cdot \Delta = \mathfrak{E} \cdot \Delta' \cdot \cos \Psi \cdot \sin X \qquad (275)$$

Wenn nun ein Verbraucher angeschlossen wird, fließt in der Antenne ein Strom, und die Spannung am Verbraucher ist kleiner als die Leerlaufspannung. Dieses Absinken der Klemmenspannung ist als Spannungsabfall am Innenwiderstand der Antenne anzusehen. Wenn die Antenne als Sendeantenne den Widerstand $\mathfrak{R}_A$ besitzt, so gibt ihre Induktivität und Kapazität auch jetzt wieder einen Anteil am Spannungsabfall, d. h. sie sind auch Bestandteile des Innenwiderstandes der Empfangsantenne. Aber auch der Strahlungswiderstand $\mathfrak{R}_A$ ist Bestandteil des Innenwiderstandes, denn sobald Strom fließt, ist die Empfangsantenne gleichzeitig Sendeantenne und strahlt einen Teil der aufgenommenen Leistung wieder aus. Es ergibt sich, streng beweisbar, daß der Eingangswiderstand der Antenne im Sendefall gleich dem Innenwiderstand der Antenne im Empfangsfall ist.

Das Empfangsdiagramm

In Analogie zum Diagramm der Sendeantenne nach III, 3 gibt es ein Empfangsdiagramm der Antenne, wo die Abhängigkeit der Leerlaufspannung von der Lage der Antenne im Raum bei gegebener Welle in gleicher Weise durch Pfeile entsprechender Länge bezeichnet ist. Der Einfluß des Winkels Ψ (Abb. 227) ist stets durch den Faktor cos Ψ gegeben und interessiert im folgenden nicht weiter. Nach Möglichkeit wird man $\Psi = 0$ wählen, um die Empfangsfeldstärke nicht unnötig zu verkleinern. Das Empfangsdiagramm des einfachen Dipols ist dann durch

$$\mathfrak{U}_l = \mathfrak{E} \cdot \Delta' \cdot \sin X \qquad (276)$$

gegeben. Das Vertikaldiagramm der Empfangsantenne erhält man, wenn man X ändert, wenn man also die ankommende Welle unter verschiedenen Winkeln X aus dem Raum an-

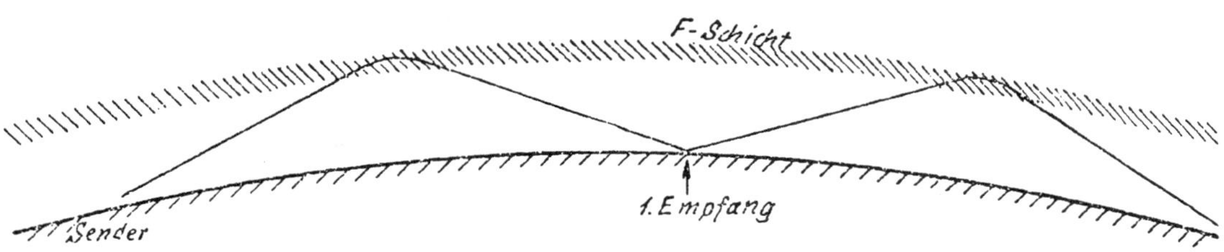

Abb. 225: Strahlenweg im richtigen Maßstab.

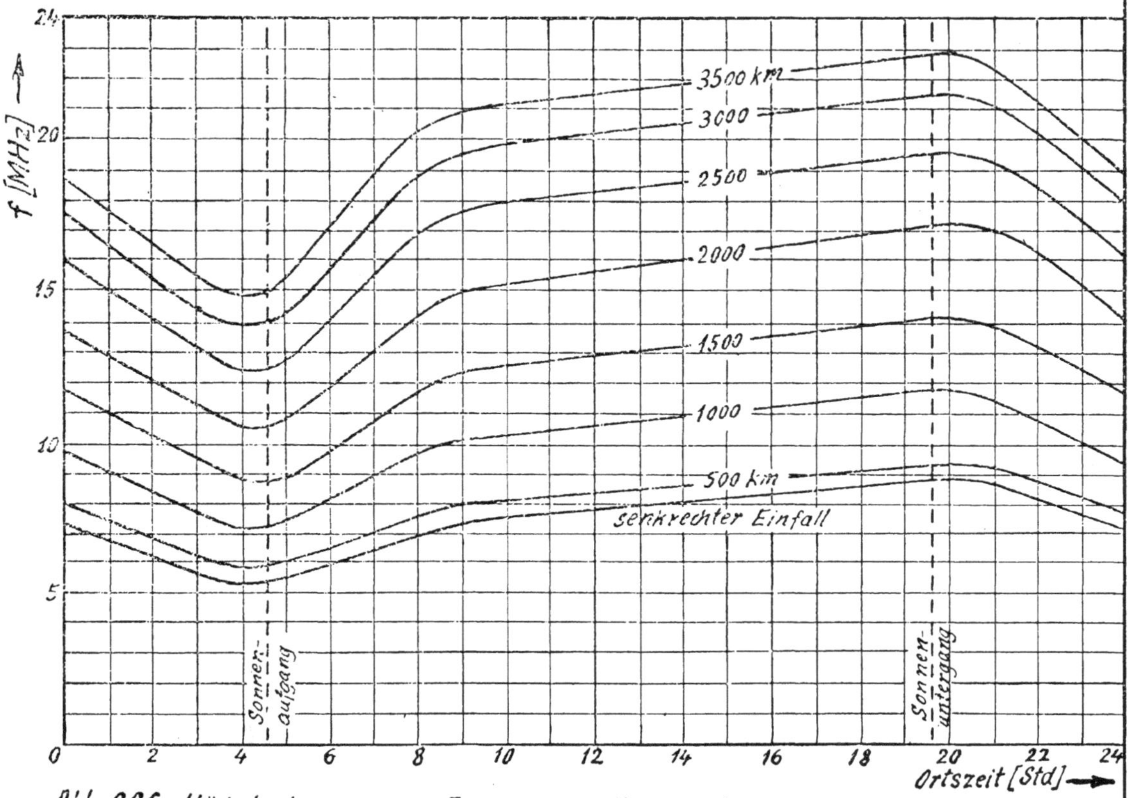

Abb. 226: Höchste brauchbare Frequenzen (Sommer)

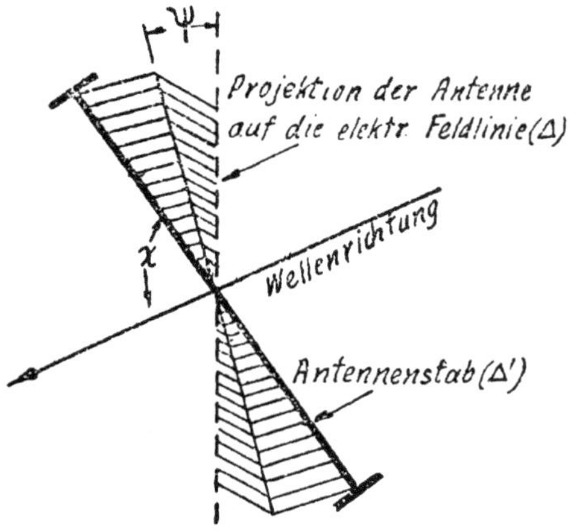

Abb. 227: Zur Berechnung der wirksamen Antennenhöhe Δ

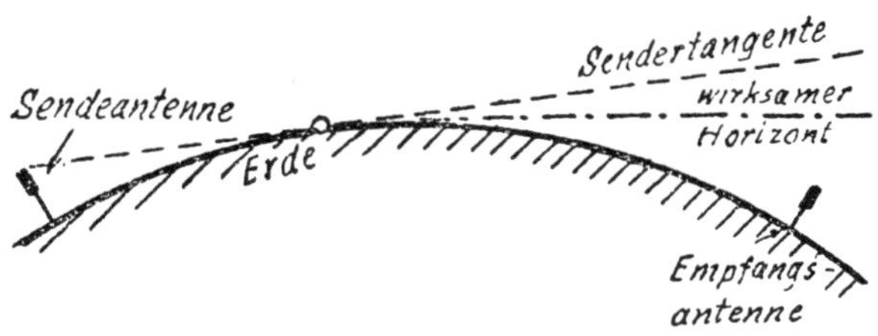

Abb. 228: Empfänger unterhalb des Horizonts.

kommen läßt und dem zu jeder Raumrichtung gehörenden Pfeil nach (276) eine Länge proportional zu sin X gibt. Man erhält dann nach Abb. 179 das gleiche Kreisdiagramm der Abb. 180, wobei das α der Sendeantenne und das X der Empfangsantenne einander entsprechen. Wenn man die Empfangsantenne aus zwei parallelen Drähten, wie in Abb. 182, aufbaut, die beide den Empfänger ohne Phasendifferenz in den Zuleitungen speisen, erhält der Empfänger zwei verschiedene Wechselspannungen gleicher Größe, aber verschiedener Phase, wobei die Phasendifferenz durch den Unterschied der Weglänge vom Sender zu den beiden Antennen entsteht. In Abb. 182 ist dann P der Ort des Senders. Die Phasendifferenz β berechnet man also wie bei der Sendeantenne, und die beiden Spannungen am Eingang des Empfängers addieren sich vektoriell nach Abb. 183. Das Diagramm der Empfangsantenne ist also ebenfalls durch (240) gegeben. Wenn man diese Gedanken auf die weiteren Beispiele von III, 3 anwendet, wobei phasenverschoben gespeiste Sendeantennen hier Empfangsantennen bedeuten, deren EMK dem Empfänger über Zuleitungen mit entsprechender Phasendifferenz zugeführt werden, erkennt man den auch allgemein beweisbaren Satz, daß Sendediagramm und Empfangsdiagramm einer bestimmten Antennenkombination einschließlich der phasendrehenden Zuleitungen **gleich** sind. **Das allgemeine Reziprozitätstheorem:** Wenn das Verhalten einer Antenne als Sendeantenne bekannt ist, kann man ihr Verhalten als Empfangsantenne leicht angeben: Der Innenwiderstand einer Empfangsantenne ist zwischen ihren Ausgangsklemmen gleich dem Eingangswiderstand der gleichen Antenne, wenn sie an den gleichen Klemmen als Sendeantenne gespeist wird. Die Abhängigkeit der Leerlaufspannung an den Ausgangsklemmen von der Lage der Antenne gegenüber einer einfallenden Welle (Empfangsdiagramm) ist gleich der Abhängigkeit der Empfangsfeldstärke in einem fernen Punkt von der Lage der gleichen, zum Sender benutzten Antenne gegenüber einer in die betreffende Raumrichtung ausgesandten Welle (Sendediagramm). Diese Betrachtungen über das Diagramm sind nur dann nicht exakt, wenn die Ionosphäre an dem Übertragungsweg vom Sender zur Antenne beteiligt ist. Bei längeren Antennendrähten ist die Stromverteilung auf dem Draht beim Senden und beim Empfang im allgemeinen verschieden. Denn im Sendefall wird die Antenne punktförmig an ihren Eingangsklemmen gespeist, während die Empfangsantenne durch das umgebende Feld stetig entlang des ganzen Drahtes angeregt wird. Es sind daher selbst bei unbelasteten Ausgangsklemmen Ströme in einzelnen Teilen des langen Drahtes durchaus möglich, wobei sich die Stromkreise auf dem Umweg über kapazitive Verschiebungsströme schließen können (Abb. 208 c). Die Verteilung des Stromes in den Antennendrähten beim Empfang setzt sich daher aus zwei Teilen zusammen: Einerseits diesen Strömen, die bereits im Leerlauf fließen, zweitens einem Strom, der dem vom Verbraucher aus den Ausgangsklemmen entnommenen Strom J proportional ist und sich so auf den Drähten verteilt, wie wenn die Antenne als Sendeantenne mit diesem gleichen Strom J an ihren Klemmen von einem Generator gespeist würde. Dieser Verbraucherstrom gibt also Anlaß zu Antennenströmen, die sich auf einem längeren Draht wie in Abb. 208 verteilen und denen sich dann noch die Leerlaufstromverteilung überlagert.

Die Absorptionsfläche

Maximale Leistung N_e kann man einer Antenne bei Anpassung entziehen, wenn also der Eingangswiderstand des Verbrauchers nach den allgemeinen Wechselstromgesetzen eine Wirkkomponente hat, die der Wirkkomponente des Innenwiderstandes der Antenne gleich ist und eine Blindkomponente hat, die der Blindkomponente des Innenwiderstandes entgegengesetzt gleich ist. Wenn S die Strahlungsdichte der Welle am Empfangsort ist, definiert man die Absorptionsfläche F_e der Empfangsantenne für die betreffende Raumrichtung, aus der die Welle kommt, durch die Gleichung

$$N_e = S \cdot F_e \qquad (277)$$

wobei S mit dem Scheitelwert der elektrischen Feldstärke $\mathfrak{E}$ in V/cm nach

$$S = \frac{1}{240\,\pi} \cdot \mathfrak{E}^2 \; \frac{\text{Watt}}{\text{cm}^2} \qquad (278)$$

zusammenhängt (Fernfeld). Die Gl. (278) folgt aus (230), wenn man $\mathfrak{E}_\alpha$ nach (220) einsetzt, unter Benutzung von (208). Danach ist

$$F_e = \frac{N_e}{S} = 240\,\pi \cdot \frac{N_e}{\mathfrak{E}^2}\,\text{cm}^2 \qquad (279)$$

Für einen kurzen Dipol im freien Raum ist der Strahlungswiderstand aus (263) und die Leerlaufspannung aus (276) zu entnehmen. Dann ist für den kurzen Dipol mit $\Psi = 0$

$$N_e = \frac{1}{8}\,\mathfrak{U}_l^2/R_A = \frac{\mathfrak{E}^2\,\lambda^2 \sin^2 X}{640\,\pi^2}$$

und die Absorptionsfläche nach (279)

$$F_e = \frac{3}{8\,\pi}\,\lambda^2 \cdot \sin^2 X \qquad (280)$$

unabhängig von der Höhe der Antenne. Je kürzer der Dipol, desto kleiner die Leerlaufspannung, desto kleiner aber auch der Innenwiderstand R_A, so daß größere Ströme aus der Antenne kommen und die Leistung N_e gleich bleibt. Schlechter wird mit abnehmender Höhe aber der Wirkungsgrad der Empfangsantenne, weil sie ebenso wie die Sendeantenne einen Verlustwiderstand hat, der einen Teil der Leistung in Wärme umsetzt, wobei dieser verlorene Leistungsanteil mit wachsenden Antennenströmen wächst. Bei den technischen Richtantennen ist die Absorptionsfläche im allgemeinen nur wenig kleiner als ihre geometrische Fläche, die sich der ankommenden Welle entgegenstellt. Die allgemeine Energiebilanz für eine Übertragung **im freien Raum** lautet dann sehr einfach

$$N_e = N_s \cdot \frac{F_s \cdot F_e}{r^2\,\lambda^2} = \eta_{ü} \cdot N_s \qquad (281)$$

N_e = Empfangsleistung bei Anpassung des Empfängers
N_s = ausgestrahlte Leistung der Sendeantenne
F_e = Absorptionsfläche der Empfangsantenne
F_s = Absorptionsfläche, die die Sendeantenne besitzen würde, wenn sie als Empfangsantenne betrieben würde.

Die Absorptionsfläche als Kennzeichnung einer gegebenen Antenne ist also ein einfaches Hilfsmittel zur quantitativen Beschreibung einer Übertragungsstrecke. Die Größe

$$\eta_{ü} = \frac{F_s \cdot F_e}{r^2\,\lambda^2} \qquad (282)$$

nennt man den Übertragungswirkungsgrad der Strecke zwischen den Eingangsklemmen der Sendeantenne und den Ausgangsklemmen der Empfangsantenne. Für einen kurzen Dipol als Sendeantenne und einen kurzen Dipol als Empfangsantenne (mit $\Psi = 0$) ist

$$N_e = N_s \cdot \left(\frac{3\,\lambda}{8\,\pi} \cdot \frac{\sin X \cdot \sin \alpha}{r}\right)^2 \qquad (283)$$

wobei α der Winkel zwischen Sendeantenne und der Verbindungslinie zwischen Sender und Empfänger und X der Winkel zwischen der Empfangsantenne und der Verbindungslinie ist. Diese Formel ist identisch mit der Formel (220) für die Abnahme der elektrischen Feldstärke im Raum unter Berücksichtigung von (276). Wenn die Welle zwischen Sender und Empfänger auf wesentlichen Teilen des Weges in unmittelbarer Nähe des Erdbodens verläuft, wenn also der Empfänger außerhalb der optischen Sichtweite des Senders nach Abb. 228 liegt, muß der Übertragungswirkungsgrad (282) mit einem Schwächungsfaktor multipliziert werden, der um so kleiner ist, je länger der Strahl in der Nähe der Erde verläuft (je weiter der Empfänger außerhalb der optischen Sicht liegt) und je höher die Frequenz ist (wachsende Erddämpfung mit wachsender Frequenz nach Abb. 216). Ein Empfang ultrakurzer Wellen außerhalb der optischen Sicht ist deshalb praktisch kaum möglich. Man spricht dann von einer „Schattenwirkung des Horizonts", was jedoch die physikalische Ursache, nämlich die Erddämpfung, nicht exakt beschreibt. Eine Schattenwirkung wie in der geometrischen Optik tritt nicht ein. Der Empfang wird in Horizontnähe dadurch etwas verbessert, daß die höhenabhängige Dielektrizitätskonstante der Luft die Strahlen etwas zur Erde krümmt, so daß der wirksame Horizont nach Abb. 228 unter der Tangente vom Sender an die Erdoberfläche liegt. Der Nachrichtenverkehr auf sehr kurzen Wellen spielt sich daher fast ausschließlich im freien Raum zwischen erhöhten Punkten ab. Die Möglichkeit der Herstellung äußerst scharfer Richtdiagramme bei sehr kurzen Wellen durch Absorptionsflächen handlicher Größe, was sich in (282) durch den Faktor $1/\lambda^2$ zeigt, gestattet Nachrichtenverbindungen über Strecken von etwa 100 km mit kleinsten Senderleistungen.

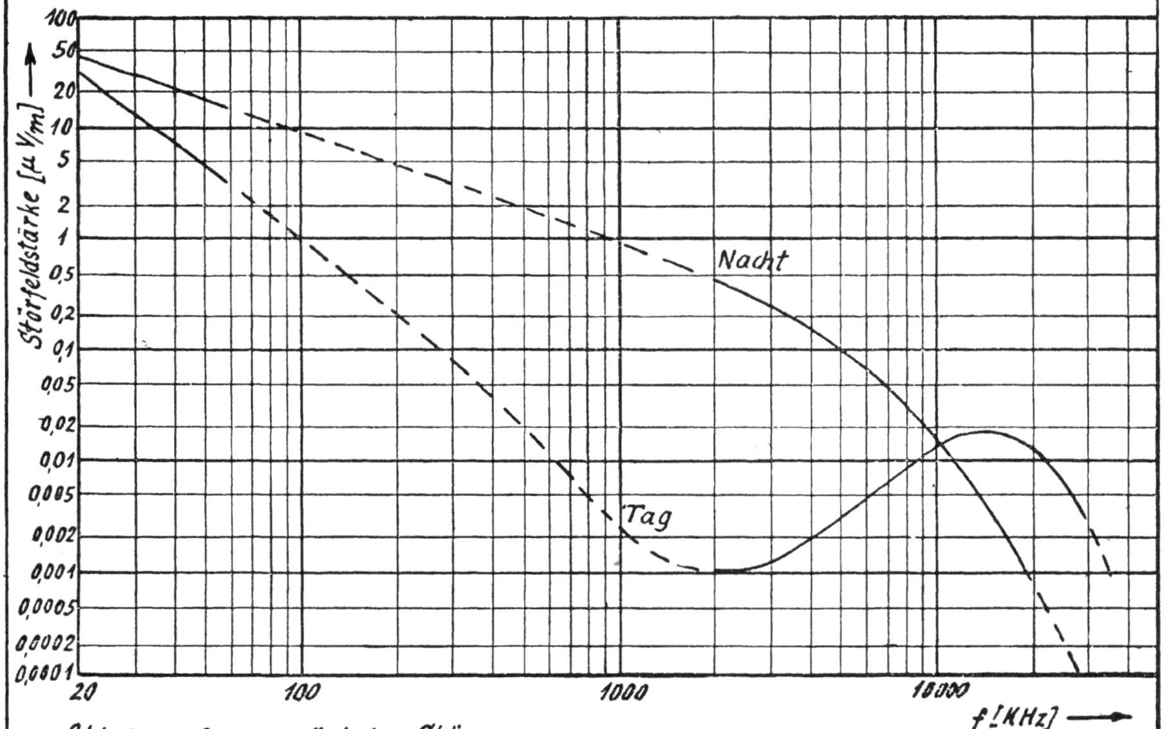

Abb. 229: Atmosphärische Störungen.

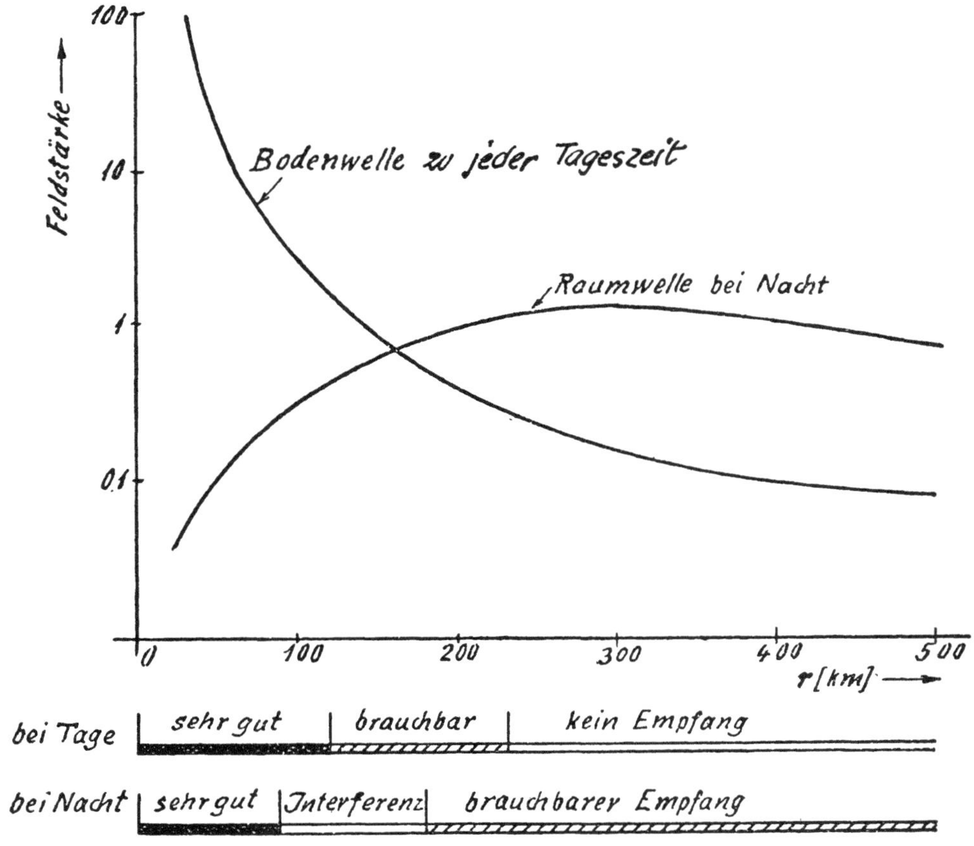

Abb. 230: Interferenzschwund bei langen Wellen.

Atmosphärische Störungen

Die zum einwandfreien Empfang erforderliche Leerlaufspannung der Empfangsantenne, die die Größe der Antenne wesentlich bestimmt, wird zum Teil von der Art des Empfängers abhängen. Wenn der Verstärkungsfaktor des Empfängers begrenzt ist, also bei kleinen und einfachen Empfängern, benötigt man eine Mindestspannung, um die Lautstärke des Empfangs am Ausgang des Empfängers im notwendigen Umfang zu erreichen. Durch Vergrößern der Antenne verbessert man dann die Stärke des Empfangs. Größere Empfänger besitzen jedoch eine ausreichende Verstärkung, um auch schwächste Signale gut hörbar zu machen. Dann wird die Grenze des Empfangs durch die vorhandenen Störungen bestimmt. Aufgabe der Antenne ist es dann, am Eingang des Empfängers das Verhältnis der Spannung des zu empfangenden Signals zu der von den Störungen erzeugten Spannung möglichst günstig zu machen. Soweit diese Störungen von der Antenne aufgenommen werden, ist eine Vergrößerung der Antenne zwecklos, weil dadurch auch die Störspannung wächst. Man muß drei Arten von Störungen unterscheiden: 1. örtliche Störungen, die im wesentlichen durch Schaltvorgänge in elektrischen Stromkreisen hervorgerufen werden. Diese nehmen mit wachsender Höhe über den Störquellen schnell ab, so daß man in diesem Fall hochliegende Empfangsantennen mit gut abgeschirmten Zuleitungskabeln benutzt. Die Größe der Antenne ist dann ziemlich belanglos, wenn sie natürlich auch nicht beliebig klein sein darf. 2. Allgemeine atmosphärische Störungen, deren Störfeldstärke Abb. 229 im Mittelwert angibt und deren Feldstärke eine Grenze für die Größe empfangsfähiger Feldstärken setzt. Diese Störungen nehmen mit wachsender Frequenz deutlich ab und sind bei Wellenlängen unter 1 m nicht mehr nachweisbar. 3. Die Eigenstörungen des Empfängers, die durch das Rauschen der Röhren und Kreise des Empfängers hervorgerufen werden (vgl. V, 4). Diese werden bei sehr kurzen Wellen entscheidend, wo die äußeren atmosphärischen Störungen klein geworden sind. Hier kann man dann durch Vergrößern der Antenne oder Verwendung von Richtantennen die Feldstärke des Signals vergrößern und dadurch das Verhältnis des Signals zur inneren Störung wieder verbessern. Hier tritt daher auch das Problem auf, den Eingangswiderstand des Empfängers in geeigneter Weise an den Innenwiderstand der Antenne anzupassen, um dadurch die Signalspannung am Empfänger zu vergrößern. Im Herrschaftsbereich der äußeren Störungen ($\lambda > 10$ m) ist dieses Problem dagegen von geringerem Interesse, und man bemüht sich, dort im wesentlichen eine möglichst gleichmäßige Ankopplung für größere Frequenzbereiche herzustellen, um beim Wechsel der Empfangsfrequenz keine zeitraubenden Bedienungsmaßnahmen für eine veränderliche Ankopplung zu benötigen.

Interferenzschwund

Unter Schwund versteht man allgemein das unregelmäßige Schwanken der Empfangsfeldstärke durch die schwankenden Eigenschaften des Übertragungsweges. Dabei ist die Übertragung durch den freien Raum sehr schwundarm und wird meist nur durch die geringen Schwankungen der Dielektrizitätskonstanten der Atmosphäre in geringem Umfang beeinflußt. Ebenso ist auch die Bodenwelle eines Senders sehr konstant, während die Raumwelle auf Grund der wechselnden Eigenschaften der Ionosphäre nennenswerte Schwankungen aufweist, die insbesondere auf sehr langen Wegen groß werden können. Daneben gibt es aber selbst bei guten Übertragungsbedingungen sehr störenden Interferenzschwund, der dadurch entsteht, daß den Empfänger zwei oder mehr Wellen annähernd gleicher Amplitude auf verschiedenen Wegen erreichen. Der Unterschied der Weglängen gibt nach (185) Phasendifferenzen, die je nach Größe zur Erhöhung oder Verkleinerung der Empfangsfeldstärke führen können und bei Änderung der Wegdifferenzen zu laufenden Schwankungen führen. Da in (185) das λ im Nenner steht, tritt dies bei langen Wellen nur auf längeren Übertragungswegen, bei kurzen Wellen aber bereits bei kurzen Übertragungswegen und viel deutlicher und häufiger auf. Eine Abhilfe dagegen sind scharf gebündelte Richtantennen, die jeweils nur einen der Wellenzüge empfangen. Diese sind bei kurzen Wellen auf festen Übertragungsstrecken in Gebrauch, während beim Nachrichtenverkehr zwischen beweglichen Sendern und Empfängern eine scharfe Richtwirkung nicht zweckmäßig ist. Bei längeren Wellen stört auch die Größe der Richtantennen, wobei man jedoch im Überseeverkehr einen großen Aufwand, der die Übertragung sicherer macht, durchaus als tragbar empfindet. Am schwierigsten ist der Interferenzschwund bei langen Wellen zu bekämpfen, wo vorzugsweise die kräftige Bodenwelle und die Raumwelle interferieren. Abb. 230 zeigt die Verhältnisse in der Umgebung eines Rundfunksenders. Neben der etwa wie $1/r$ mit wachsendem r sinkenden Bodenwelle, die den Tagesempfang bestimmt, gibt es bei Nacht eine Raumwelle, die bei kleinen Abständen r klein ist, aber in größeren Abständen gute Feldstärken liefert. In Sendernähe gibt die Bodenwelle auch bei Nacht guten Empfang; dann folgt jedoch eine Zone, wo die Amplituden von Bodenwelle und Raumwelle annähernd gleich sind und die Interferenz einen brauchbaren Empfang nicht ermöglicht. Für größere Entfernungen empfängt man dann die reine Raumwelle, die den üblichen Schwund durch Änderungen in der Ionosphäre zeigt. Moderne Rundfunksender verschieben das Interferenzgebiet dadurch nach außen, daß sie ihren Antennen nach Abb. 211 durch Verminderung der Steilstrahlung eine gewisse horizontale Richtwirkung geben. Dadurch wird die Bodenwelle größer und die Raumwelle kleiner.

Druck: G. Franz sche Buchdruckerei, München 2, Luisenstraße 17